亲 近 大 自 然 系 列

野外观鸟

手册 （第二版）

赵欣如 肖雯 张瑜 编著

化学工业出版社

·北京·

U0149450

图书在版编目（CIP）数据

野外观鸟手册 / 赵欣如，肖雯，张瑜编著 . —2 版 . —北京：
化学工业出版社，2022.1（2024.1 重印）

（亲近大自然系列）

ISBN 978-7-122-40108-3

Ⅰ.①野… Ⅱ.①赵…②肖…③张… Ⅲ.①鸟类－手册
Ⅳ.① Q959.7-62

中国版本图书馆 CIP 数据核字（2021）第 211734 号

责任编辑：李 丽
责任校对：宋 夏
装帧设计：关 飞

出版发行：化学工业出版社
　　　　　（北京市东城区青年湖南街13号　邮政编码100011）
印　　装：北京宝隆世纪印刷有限公司
710mm×1000mm　1/32　印张13³/₄　字数305千字
2024年1月北京第2版第2次印刷

购书咨询：010-64518888
售后服务：010-64518899
网　　址：http://www.cip.com.cn
凡购买本书，如有缺损质量问题，本社销售中心负责调换。

定　　价：69.00元　　　　　　　版权所有　违者必究

编写人员名单

编　著：赵欣如　肖　雯　张　瑜

摄　影：陈建中　苟　军　江航东　沈　越

　　　　舒晓南　王传波　王吉衣　吴秀山

　　　　虞海燕　张锡贤　张　永　张　瑜

　　　　赵　超　关翔宇　娄方洲　朱　雷

前言

　　转眼间已经过去十余年，我们的《野外观鸟手册》也到了该修订并补充些内容的时候了。当初的读者，已经有不少人从不认识鸟到认识众多的鸟，从不懂得观鸟到成为真正的观鸟者，从不大关注身边的环境到成为环保志愿者……其中不乏有许多中小学生和有志青年，在这本书的陪伴下，许多孩子已经长大，完成了升学或开始了创业。

　　一本书，一本为观鸟初学者编写的口袋书，我们最希望达到的目的，就是使更多的朋友成为真正的观鸟者。使我们的社会里越来越多的民众关心鸟类、关注环境、关注身边科学。

　　在野外识别鸟类，首先遇到的问题就是要叫出鸟的名字。但是鸟的名字在不同的图鉴上会有不同的名称。这给初学者带来不少困惑。鸟的名字和其他动、植物的名字一样，既有中文名，也有英文名，还有拉丁名。前两者严格意义上讲是地方名，即在一个国家或一个地区称谓的名字，而拉丁名是学名，是学科内认定的名字，全世界都是通用的。地方名容易有多个，在记录、研究与交流时容易出现误解和产生混乱，因此，各国都在鸟类学家的领导下制定相对规范的、用母语称谓的统一名称。这看似简单的事情，其实很难做成。目前，中国的中文鸟名就不够统一，这是因为我国地域辽阔，人们的地方用语及使用习惯差异大等因素造成的。

为了交流上的方便，我们应该首先使用鸟类学家郑光美先生编著的《中国鸟类分类与分布名录》第二版或第三版给出的中文鸟名，并能和同物异名的中文鸟名对应上。而最终确定的鸟种名，一定要以拉丁名为准。根据国际命名法，我们使用的拉丁名多采用双名法，即由两个拉丁单词构成（属名＋种加词）一个鸟种名，如喜鹊的学名是 *Pica pica*，第一个词代表其属名，第二个词代表种名，意为：喜鹊属，喜鹊。又如家燕的学名是 *Hirundo rustica*，意为：家燕属，家燕。应该注意到，拉丁学名的书写一定要采用斜体，属名的第一个字母要大写，其余的字母和种加词的所有字母均为小写。当我们一定要确认鸟种时，就必需看其学名。

当然，在不同的鸟类名录或专著中，有时也会出现一个鸟种却有不同学名的现象，那是因为，不同的鸟类学家在分类学上有不同的见解，他们采用的是不同的分类系统。这需要我们做进一步的学习与探究。总而言之，在使用鸟类的名称时要注意上述的问题，以避免科学上的误解。随着科学研究的发展，物种的命名是在不断更新的，注意到这一点，我们就要找到和使用最新的、最权威的、成熟的分类名录。

只有叫对了鸟的名字，观鸟才会轻松、方便和快乐，才能在满足了愉悦的观鸟过程后，为科学研究提供准确的基础数据。

《野外观鸟手册》（第二版）主要依据郑光美先生《中国鸟类分类与分布名录》（第二版），的鸟类名称，并增加了100余个代表性鸟种。其中，增加的潜鸟目、夜鹰目各1个种，水雉科、石鸫科各 1 个种，以进一步扩大观鸟者的视野。另外，将第一版中的褐背拟地鸦 Hume's Ground Jay，*Pseudopodoces humilis*，从鸦科调至山雀科，改名为地山雀 Ground Tit，*Pseudopodoces humilis*，以反映目前鸟类分类的主流观点，在此一并说明。

赵欣如

2022 年 1 月

第一版前言

观鸟是一件充满快乐的户外活动，它的美妙之处许多人一生都享受不尽，可谁能知道，这项活动已经存在和发展了200多年，它是一项男女老少都适合参加的健康性活动。

从1996年开始，由北京悄然兴起了民间的观鸟活动，10多年来发展可谓迅速而喜人。短短的十几年，观鸟活动从无到有，从小到大，从北京发展到全国各地，观鸟的各种民间组织如雨后春笋在各地建成，观鸟的主题网站也越来越多。在我们看来：中国的经济发展，中国的科教发展，中国的社会变革促进和推动了观鸟活动的普及，它是中国社会发展历史上文明进步的又一标志。

有时候，我们告诉那些带着好奇心的关注者：观鸟在中国是奇妙的活动，是痛苦的活动，也是快乐的活动。说奇妙是因为它仍是一项鲜为人知的活动，许多人至今不曾了解。其实观鸟活动除了望远镜之外几乎不再需要更多的设备，很容易开展。无论你走到世界各地都能找到你的观察对象，都可以找到不曾见面的鸟友，许多国家都有成千上万的人将观鸟作为不可替代的终生爱好；说痛苦是因为一些观鸟初学者和不得法的观鸟者心存疑虑。即使走很远的路也看不到想看的鸟，心理备受折磨，甚至于怀疑自己从事此项活动的能力；说快乐是因为绝大多数观鸟者，特别是心境平和的观鸟者，他们的好奇心常常能得到满足，不时有新的发现，不断有新的收获。观鸟成为生活中不可缺少的部分，可以有享受不尽的快乐。

孩子们最喜欢小鸟，是因为它们有趣；大人们对鸟儿不以为然，是因为丢失了好奇心。当今人们在快节奏工作与生活之余，不断反思自身的生活质量与品位。回归自然，返璞归真，走向户外，选择一项适合自己且有趣味的活动是许多朋友正在思考的问题。如果你学会观鸟，那你将终身受益。一位外国朋友曾经这样说：学会观鸟，如同获得了一张走入大自然的终生免费门票。

鸟类是大自然中的歌唱家，它们的歌声复杂多变，婉转动听，令人赞叹。正是有了它世界才变得如此美妙！

鸟类也是表演艺术家，它们的舞蹈可以从陆地跳到水里，从枝头跳到空中……肢体语言极其丰富。既能单个表演，又能群体飞舞。而如此多样的表演充分表达着鸟类生命世界的各种意义。

鸟类是最适合人类观察研究的重要朋友。在现存的9000多种鸟类中，绝大多数种类多是日行性，和人类的起居节奏相同，适合人们观察和研究。要知道，全世界业余者参加最多的两大科学领域就是天文学和鸟类学。世界上不能没有鸟类，它们是自然生态中不能缺少的重要类群。当你看到熟悉的鸟时，如同旧友重逢。当你看到不曾认识的鸟时，就是结识新的朋友。

鸟类是一本自然历史的书。它记载着生命的演替，叙述着讲不完的故事，呈现着自然的法则。在你读这本书的过程中，能够悟出天地之间的规律，能够懂得许多道理。从而规范自己的行为，学会尊重自然，善待生命。学会欣赏自然，热爱生活。读好这本书你会受益无穷！

　　来，让我们一起学习观鸟。真正享受和体验观鸟活动带给我们的快乐吧！

赵欣如

2010年2月于北京师范大学

目录

一、学会观鸟

1.什么是观鸟

简单地说，观鸟就是直接用眼睛或者借助望远镜等光学设备，观察野生状态下的鸟类。有人除了视觉观察之外还可通过聆听鸟儿的叫声来识别鸟类、解读鸟类。观鸟可分为三个层次，一是观察鸟类的体形、羽毛颜色等形态特征；二是观察鸟类的取食、求偶、繁殖、迁徙等行为习性；三是观察鸟类和它们的栖息环境，即观"生态"。

观鸟兴起于18世纪晚期的英国和北欧，最初仅是一种贵族的消遣活动。到了今天，观鸟已经在世界上许多国家盛行，英国皇家鸟类学会拥有超过100万的会员，也就是说，在英国，每30个成年人里就有一个人热衷于观察鸟类；美国每年参加观鸟的人次超过6000万，是世界上观鸟人数最多的国家。

观鸟既引导人们对大自然的热爱，又提高人们认识鸟类的能力；既是学习，又是娱乐；既增强人们对科学的认识，又培养人们尊重自然的态度。

观鸟是一种探索与发现；

观鸟是一种认知活动；

观鸟是一种户外运动；

观鸟是一种休闲方式；

观鸟是一种纯净的爱好；

观鸟是一种心理的享受。

2.用什么观鸟

望远镜和一本实用的鸟类图鉴是野外观鸟取得理想效果的

重要工具。

　　鸟类通常难以接近，尤其在开阔的湖泊、沼泽、草原、沙漠等环境下，很少有天然的遮蔽物，鸟类很容易因发现观察者而飞走。望远镜能在观察效果上缩短我们和鸟类之间的距离。一只7 ~ 10倍的双筒望远镜是观鸟者的首选，它们一般都视野宽、体积小、重量轻、便于携带，适于在行走时和在树林中观察近距离的鸟，双筒望远镜的镜身上标有技术参数，例如"8×30"，其中的"8"表示倍数，即观察800米远的鸟时，就像在100米远的地方观鸟一样；"30"表示物镜的直径（单位是毫米）；观察远距离、较长时间停留在一地的鸟，如湖泊中栖息的鸭雁类，需要借助一只20 ~ 60倍的单筒望远镜和起支撑作用的三脚架。

双筒望远镜的选择
倍数7~10，
物镜直径30~50mm，
视角7°~9°。
明亮度系数9~25。

在此范围内的望远镜，重量适中，手持稳定，视野较宽（容易搜索观察对象）的较适合野外观察使用。

单筒望远镜的选择
倍数20~40，
物镜直径65~80mm。

超过40倍则明亮度变差，视角狭小。

　　鸟类图鉴中的鸟种通常遵循鸟类学的科学分类系统编排，以鸟类的图片为主，帮助读者从形态上把握鸟类的特征，同时辅以必要的文字说明，补充图片之外的重要信息，如图片上不易表现的形态特征，鸟类的习性、分布等信息。鸟类图鉴一般分为手绘图鉴和摄影图鉴两大类。本书即是一本典型的摄影图鉴，收录了中国的300个代表性鸟种的生态照片，图片的作者均为资深鸟友。这些精美的图片不仅能够帮助大家辨识鸟种，还能帮助大家从生态学的角度更好地认识鸟类。

3. 如何观鸟

鸟儿是跃动的精灵，飞来飞去，往往刚进入视线，转瞬便跃上枝头，消失了踪影。鸟的活动性给观鸟带来了一定困难，经常是刚看清鸟的一个部位，鸟已飞走了。只有对鸟的习性、模样了如指掌的人，才能在短时间内，确认看到的是何种鸟。

对初学者来说，观鸟看似很难，但识别鸟类确有一定的窍门，可参考下述方法：

按类识鸟

中国的鸟可以划分成六大生态类群。

★ **游禽**：嘴宽而扁平，脚短，趾间有蹼，善于游泳，通常生活在水上，食鱼、虾、贝或水生植物，如鸿雁、鸳鸯。

★ **涉禽**：嘴长、颈长、后肢长，适于在浅水中涉水捕食，如白鹭、丹顶鹤。

★ **陆禽**：翅短圆（尤其雉鸡类），后肢强劲，善奔走，喙弓形，如环颈雉、山斑鸠。

★ **猛禽**：嘴强大呈钩状，翼大而善飞，趾端有锐利的钩爪，性凶猛，捕食鸟、兽、蛇等或食腐肉，如苍鹰、猎隼。

★ **攀禽**：足趾发生多样特化，善于攀缘，如大斑啄木鸟、四声杜鹃。

★ **鸣禽**：种类繁多，造巢行为复杂，善鸣叫，如蒙古百灵、大山雀。

刚开始观鸟，不要操之过急。初学者不妨先从生态类群入手区分大类。以后随着时间的推移，鸟类知识越来越丰富，再去区分鸟的目和科、属，最后区分到种。认识鸟的生态类群可以说是识别鸟的基本功。

看体识鸟

观鸟首先看到的是体形大小。鸟的体形分成大、中、小三等或大、较大、中等、较小和小五等。鸟的体形大小没有客观标准，只是在一定范围内比较而言。如在非雀形目中，与池鹭、白鹭相近的为中型鸟类，而在雀形目中，乌鸦就算大型鸟类了。鸟类图鉴中，对鸟种大小的描述，我们应恰当理解。

★ **嘴形：**鸟的嘴形丰富多变，根据鸟嘴的长短、形状，可以对鸟有一个初步印象。鹤、鹭等都具有嘴长的特征，苍鹰、黑鸢等嘴下弯如钩，并有齿，齿是用来帮助撕咬鼠、蛇等小动物的。有些鸟嘴特殊而醒目，如黑脸琵鹭，它的嘴比其他鸟嘴细长得多，像一把扁铲，粗糙而不光滑。犀鸟的嘴形像犀牛的角，巨大而强壮。

★ **尾形：**通过野外观察，我们可以辨识鸟尾的形态，平尾、叉尾及特殊尾形等。鹌鹑、鷦鷯的为短尾，环颈雉、白鹇、寿带是长尾，家燕、雨燕、燕鸥的尾是叉尾，白鹭的尾是平尾。

看色识鸟

观察鸟类的羽毛颜色需顺光观察。除注意整体的主要颜色之外，还要在短时间内看清头、颈、胸、背、翅、尾等主要部位，并抓住一两个最醒目的颜色特征，如头顶、眉纹、翅斑及尾斑等处的鲜艳或异样色彩。有些颜色斑块需要在鸟飞行的过程中才能看清。如灰眉岩鹀外侧尾羽有明显的白斑。停落时由于尾羽合拢，不见白斑，只有飞行时外侧尾羽的白斑才能一现。

闻声识鸟

★ 鸣声有几种情况：一是有开始、中间和收尾的，如黄鹂、原鸡；二是单调枯燥的"呜呜"或"呱呱"声的，如乌鸦、夜鹭；三是声音尖细，微微颤抖，这种类型多为小型鸟类，如金翅、燕尾；四是婉转悠扬极富韵律的，如云雀、画眉。

★ 只有熟悉鸟鸣，才能凭声音识别鸟的种类。细心倾听鸟鸣，可以用符号和数字记录鸣声音节。刚开始时，可以先分辨鸟鸣有几个音节，之后，再仔细分辨每个音节的长短和高低，用汉语拼音字母记录下来。如果随身携带录音机，将鸟鸣记录下来，可以反复播放，帮助识别和记忆。

★ 把鸟的叫声编成有趣的词语不失为帮助记忆的好办法，如大杜鹃的鸣声为"布谷"，鹰鹃的叫声为"米贵阳"，四声杜鹃的叫声为"光棍好苦"，白腹锦鸡为"金嘎嘎"。

望飞识鸟

★ 不同的鸟类飞行的曲线和姿势并不相同。喜欢直线飞行的有鸭类、乌鸦。一会儿俯冲，一会儿高飞，像大海的波涛般飞行的有鹦、啄木鸟等。鹭、雕的飞行能力强，能长时间借助上升气流在高空翱翔。燕子短途飞行速度很快，并且常改变方向。像直升机一样直飞直降的有云雀。列队飞行排成人字形和排成一字形的有雁类、天鹅。

★ 停落时的姿势与位置也有助于识别鸟类。常攀在树干上的有旋木雀、啄木鸟，在岩壁上攀缘的有红翅旋壁雀，喜欢停在树枝顶端的有伯劳，停在电线杆上的有红隼。

按季识鸟

★ 随着季节的变化，候鸟南北迁徙。春夏在某处繁殖的鸟为夏候鸟，秋冬在某处越冬的鸟为冬候鸟。了解到候鸟的习性，我们就能明白，春夏两季，野外观到的鸟只能是留鸟或者夏候鸟，而秋冬两季，野外就是留鸟和冬候鸟的天下了。

★ 不同的环境有不同的鸟，鸟的生活有明确的区域性。在湿地沼泽，见到的鸟多为游禽或涉禽，攀禽、鸣禽则喜欢在林地里活动。

★ 有了季节和环境的概念之后，对某时间段、某种环境内可能出现的种类就能做到心中有数了。

遗物识鸟

★ 在野外考察常会遇到鸟的羽毛、粪便及食物残渣留在地面，特别是沼泽、沙地上的趾印。根据这些遗物和趾印也能判断和分析出一些鸟的种类。

★ 在野外识别鸟类，要注意勤记笔记，笔记内容包括观测时间、天气情况，鸟类数量、鸟类特征，有可能的话，把鸟的形状画在笔记本上。观测结束后，最好到当地研究所、大专院校和博物馆的鸟类标本室查对标本，这会有利于提高识别能力。

4. 去哪里观鸟

居住的社区，是最方便的观鸟环境。用心观察，会发现生活的社区里除了常见的麻雀、喜鹊之外还有啄木鸟、斑鸠、雀类等，仔细辨识会发现它们是大斑啄木鸟、灰头绿啄木鸟、珠颈斑鸠、金翅雀、蜡嘴雀、燕雀。若是社区有小面积水域，还会看到翠鸟、鹡鸰。用心就会有收获。

城市公园，是城市中观察野生鸟类的好去处。公园是城市的绿洲，能够吸引大量的鸟类来栖息、停歇，且交通相对便利，环境较社区更多样化，鸟的种类也更丰富。北京颐和园公园种植有多种乔木、灌木和草本植物，吸引了大量林鸟，园中昆明湖的大面积水域又为水鸟提供了良好的栖息环境。据统计，在颐和园记录到的鸟种数已超过70种。

自然保护区是观察野生鸟类的理想环境。自然保护区有保护珍贵和濒危动植物以及各种典型的生态系统的作用，丰富的植被和地理环境为鸟类的生活提供了适宜的场所。根据自然保护区环境类型及所在地域的差异，鸟类资源有所不同，且在保护区内易观察到一些珍稀濒危的鸟种。

中国的观鸟圣地

（中国观鸟圣地繁多，初学者可酌情参考选择）

★ 河北省北戴河——迁徙水鸟的观察圣地，与上海崇明东滩遥相呼应。

★ 河南省董寨——多彩的林鸟观察地，凡是去了的人都大有收获。

★ 江西省婺源——在那儿能看到著名的中国特有种"蓝冠噪鹛（黄喉噪鹛）"。

★ 江西省鄱阳湖——越冬白鹤的最大种群栖息地。

★ 湖南省东洞庭湖——观赏大群越冬水鸟的好地方。

★ 湖北省京山——鸟种丰富的观鸟地。

- ★ 福建省武夷山——许多物种的模式产地。
- ★ 浙江省乌岩岭——黄腹角雉著名保护区。
- ★ 山西省庞泉沟——褐马鸡著名保护区。
- ★ 黑龙江省扎龙——丹顶鹤的重要繁殖地。
- ★ 江苏省盐城——丹顶鹤等的重要越冬地。
- ★ 甘肃省莲花山——斑尾榛鸡的典型栖息地。
- ★ 内蒙古自治区图牧吉——大鸨的重要繁殖地。
- ★ 西藏自治区拉萨雄色寺——藏马鸡、藏雪鸡的聚集地。
- ★ 新疆自治区南疆塔克拉玛干沙漠——中国特有鸟种白尾地鸦典型栖息地。
- ★ 北京市野鸭湖——迁徙季节云集大量的涉禽与游禽。
- ★ 山东省东营——黄河的入海口，鹤类、天鹅的观赏地。
- ★ 山东省荣成——大天鹅最为集中的越冬地。
- ★ 四川省瓦屋山——众多鹛类、鸦雀、朱雀、雉类等林地鸟类的观赏地。
- ★ 云南省高黎贡山——云南省鸟类资源最丰富的地区之一，雉科鸟类高度富集，共记录到18种。
- ★ 云南省盈江——中国的犀鸟乐园。
- ★ 香港米埔——国际著名的水鸟越冬地。
- ★ 台湾省玉山——中国特有鸟种及特有鸟类亚种的分布地。

二、如何使用本书

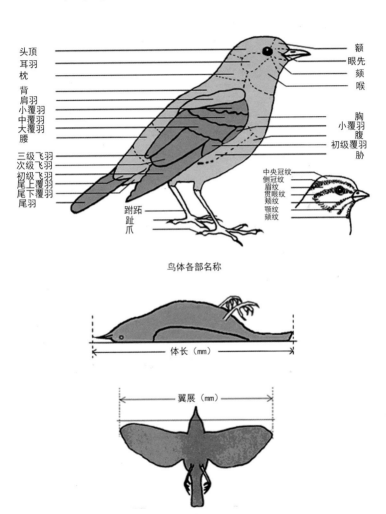

头顶
耳羽
枕
背
肩羽
小覆羽
中覆羽
大覆羽
腰
三级飞羽
次级飞羽
初级飞羽
尾上覆羽
尾下覆羽
尾羽

额
眼先
颊
喉

胸
小覆羽
腹
初级覆羽
胁

跗跖
趾
爪

中央冠纹
侧冠纹
眉纹
贯眼纹
颊纹
颚纹
颊纹

鸟体各部名称

体长（mm）

翼展（mm）

鸟类体长、翼展的测量

1.鸟种命名及排序

本书采用中国鸟类学家郑光美院士主编《中国鸟类分类与分布名录》（2005）的分类系统，鸟种命名和排序主要以此为据。每个鸟种均有中文名、英文名、学名（拉丁名），如"小䴙䴘"是鸟种的中文名，"Little Grebe"是英文名，"*Tachybaptus ruficollis*"是学名。为了方便读者，部分鸟种还标出了俗名。

2.鸟种识别

每个鸟种均配有一张对应的鸟类生态照片，照片多以雄性成年个体在繁殖期的形态为代表。雌雄、成幼形态差异较大或是繁殖期与非繁殖期形态差异较大的鸟种，在"识别要点"中均给出了具体的文字描述。

3.鸟种索引

书中为读者提供了多种检索鸟种的方式：根据中文名的拼音顺序检索；根据英文名的字母顺序检索；根据学名的字母顺序检索。

另外，根据鸟类生活习性和生活环境的不同，可将中国的鸟类分为游禽、涉禽、猛禽、陆禽、攀禽和鸣禽六大生态类群，为了能让读者更好地了解和理解鸟类的适生环境，本书还专门为读者提供了鸟类的生态类群索引。

4.名词释义

夏候鸟	夏季在某一地区繁殖，秋季离开到南方较温暖地区过冬，翌春又返回这一地区繁殖的候鸟。就该地区而言，称夏候鸟。
冬候鸟	冬季在某一地区越冬，翌年春季飞往北方繁殖，至秋季又飞临这一地区越冬的鸟，就该地区而言，称冬候鸟。
留鸟	终年栖息于同一地区，不进行远距离迁徙的鸟类。
旅鸟	候鸟迁徙时，途中经过某一地区，不在此地区繁殖和越冬，这些种类就成为该地区的旅鸟。

蜡膜	有些种类的鸟上喙基部为柔软的皮肤，即蜡膜，如鹰、隼、鸠鸽。
飞羽	翼区后缘所着生的一列强大而坚韧的羽毛。
初级飞羽	着生在手部（腕骨、掌骨和指骨）上的飞羽。
次级飞羽	着生在小臂（尺骨）上的飞羽。
三级飞羽	着生在最内侧尺骨上的次级飞羽（羽毛形态往往区别于其他次级飞羽）。
栖息地	鸟类生活和繁殖的场所，也就是鸟类生活的环境条件。
领域	鸟类为了满足其繁殖和生存的需要而占据的一定区域。这个区域往往受到领域拥有者有效的保护，不允许其他鸟类和动物，尤其是同种的同性个体的进入。
求偶炫耀	能够吸引异性并最终导致交配的一种行为。鸟类的求偶炫耀通常是通过鸣啭或鸣叫、体色显示或姿态炫耀、婚飞以及其他各种独特的行为方式来吸引异性的一种行为。
巢	鸟类繁育后代的一个特殊场所。筑巢是鸟类繁殖过程中一个重要环节。

5.鸟体各部名称

本书采用中国鸟类学家郑光美院士主编的《中国鸟类分类与分布名录》（2005年）的分类系统及命名方式。

观鸟者可以通过以下方式使用本书，帮助您更好地识别鸟类：

① 图片和文字对照着看；

② 观鸟随身携带查阅和居家细读相结合；

③ 发现问题，使用个人的观鸟记录追踪查阅；

④ 随时将重要的信息直接标注在相关页面上。

另外，在"生态类群索引"中附有各类群剪影图，读者可方便地查阅。

潜鸟目
GAVIIFORMES

典型游禽，善于潜水。

嘴强直而侧扁，嘴端尖，鼻孔具革质膜，潜水时可关闭。

后肢极度后移，前三脚趾间具蹼，后趾短小。

雌雄相似，雏鸟早成。

潜鸟科 Gaviidae

黄嘴潜鸟（白嘴潜鸟）   Yellow-billed Loon; *Gavia adamsii*

背部形成黑色网格，网格内为白色小块斑

喙象牙白色

沈越·摄

栖息地：沿海湿地、淡水湿地。   全长：750～910mm

识别要点	雌雄相似，喙象牙白色，繁殖羽头颈部黑色带暗绿色金属反光，颈部有白色短条状斑，背部形成黑色网格，网格内为白色小块斑。非繁殖羽，头上部、后颈及上体为浅褐色，眼周围有一圈白色，上体暗褐色，两胁和下体棕白色，背上的网格状斑转为深色不易看清。
生态特征	善于潜水，一次潜水时间长达 1～2min，潜水距离可达数百米。繁殖期成对活动。主要食物为各种鱼类、软体动物及各类昆虫等小型动物。
分　布	国内偶见于东北长白山地区繁殖，越冬偶见于东部沿海，迁徙偶见于青岛。国外繁殖、分布在北极区北部大西洋沿岸，越冬地在太平洋西北部及东北部沿海地带。
最佳观鸟时间及地区	春季：青岛即墨龙泉湖公园附近（4月中下旬）；罕见。

鹏鹈目
PODICIPEDIFORMES

体形似鸭。

嘴直而尖。

翅短，尾羽退化为几根绒羽。

后肢后移，具瓣状蹼，善潜水。

雌雄相似，雏鸟早成。

䴙䴘科 Podicipendidae

小䴙䴘（Pì Tī）（王八鸭子） Little Grebe; *Tachybaptus ruficollis*

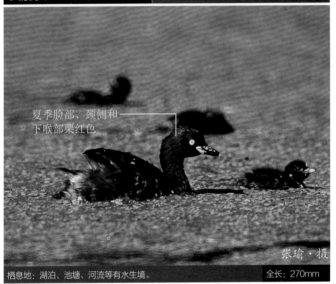

夏季脸部、颈侧和下喉部栗红色

张瑜·摄

栖息地：湖泊、池塘、河流等有水生境。　　全长：270mm

识别要点	小型游禽，雌雄相似。繁殖期头顶、后颈黑褐色，脸部、颈侧和下喉部栗红色；上体余部暗褐色；下体胸部、两胁和肛周灰褐色，后胸和腹部灰白色。冬羽较暗淡，上体转为灰褐色。嘴黑褐色，尖端白，嘴裂黄；脚为瓣蹼型，青灰色。
生态特征	繁殖期成对活动，冬季会结成小群。游荡在湖泊池塘中，潜水捕捉小鱼虾为食。不善飞行，遇到危险一般贴着水面飞行一小段然后落回水中，或潜入水中进行躲避。繁殖期在水面建造漂浮巢。
分　　布	国内在东北、华北北部、新疆西部为夏候鸟，华北以南地区多为留鸟活动候鸟。国外见于欧亚大陆、非洲、东南亚地区。
最佳观鸟时间及地区	夏季：东北、新疆；全年：除西藏外的大部分地区。

冠羽

陈建中·摄

栖息地：江河、湖泊、水库、鱼塘、近海水域等有水生境。　全长：500mm

识别要点	体形较大。繁殖期头顶、后颈黑褐色，头顶具冠羽，头侧具长的棕色领羽，羽端黑色；后颈、背部至腰部为棕褐色；尾短小，黑褐色；翅初级飞羽灰褐色，次级飞羽白色；下体银白色，两胁赤褐色。冬羽上体主要为黑褐色，下体白。嘴暗褐色，基部红色；脚橄榄绿色。
生态特征	单独或结小群活动于河流、湖泊中，潜水捕捉鱼、虾、水生昆虫等为食。繁殖期雌雄鸟会表演炫目的求偶舞蹈，在水面建造漂浮巢。
分　　布	全国范围都有分布，在北方为夏候鸟，华中、西南地区为旅鸟，长江以南地区为冬候鸟。国外见于欧亚大陆、非洲、印度、澳大利亚。
最佳观鸟时间及地区	夏季：新疆、西藏、内蒙古及东北地区；秋、冬、春季：其余大部分地区

角鸊鷉 Slavonian Grebe; *Podiceps auritus*

非繁殖羽脸部和前颈白色

陈建中·摄

栖息地：池塘、湖泊、河流、水库、鱼塘、近海水域。　　全长：300mm

识别要点	中等体形。繁殖期头黑色，头侧自眼先至枕部橙黄色，并在眼后形成羽簇，如角状；上体黑褐色，下体栗褐色。非繁殖期似黑颈鸊鷉非繁殖羽，但脸部和前颈白色区域较大，嘴不上翘，头额部显得较平。虹膜红色；嘴黑色，端部白；脚黑灰色。
生态特征	似其他鸊鷉。
分　布	国内在新疆西部为夏候鸟，东部地区为旅鸟和冬候鸟。国外见于欧洲、亚洲、北美洲。
最佳观鸟时间及地区	春、秋季：东北、华北沿海；冬季：华东、华南沿海。

黑颈䴙䴘（艄板儿） Black-necked Grebe; *Podiceps nigricollis*

金黄色的
丝状羽簇

虹膜橙红色

赵超·摄

栖息地：池塘、湖泊、河流、水库、鱼塘、近海水域。 全长：300mm

识别要点	繁殖期头颈和背部黑色，眼后耳区生有金黄色的丝状羽簇，翅灰褐色，两胁栗红色。非繁殖期头顶、后头、背部均呈石板黑色，下颈灰色，下体余部白色。虹膜橙红色，嘴黑色，脚铅灰色。
生态特征	似其他䴙䴘。
分　　布	国内在新疆西部和东北地区为夏候鸟，东北南部、华北、华中和华南为旅鸟，华南南部为冬候鸟。国外见于南美洲、北美洲、欧亚大陆和非洲。
最佳观鸟时间及地区	春、秋季：东北、华北、华中、华南；夏季：新疆西部、东北；冬季：华南南部。

鹈形目
PELECANIFORMES

嘴强壮呈圆锥状。

常在嘴下有发达的喉囊。

四趾具全蹼。

善飞翔，善潜水。

雌雄相同，雏鸟晚成。

鹈鹕科 Pelecanidae

卷羽鹈鹕（Tí Hú）（塘鹅） Dalmatian Pelican ; *Pelecanus crispus*

嘴长，污黄色 ——

张锡贤·摄

栖息地：近海，内陆湖泊、河流、水库等大型开阔水域。	全长：1700mm

识别要点	大形游禽，体形壮硕，体羽大部分灰白色，颈背具卷曲的冠羽，初级飞羽羽端黑色。虹膜黄色，眼周裸皮粉红色；嘴长，污黄色，且嘴下具橙色大皮囊；脚全蹼型，褐色。
生态特征	常结大群活动，飞行显得较为笨拙。在沿海水域、河湖中捕食鱼类、虾等，张开大嘴伸入水底将鱼、虾兜入其中，然后抬起头滤出水再将食物吞下。繁殖期在树上或芦苇丛中营巢。
分　布	国内在内蒙古为夏候鸟和旅鸟，北方大部分地区为旅鸟，长江以南地区为冬候鸟。
最佳观鸟时间及地区	秋、冬、春季：山东东营、福建闽江口。

鲣鸟科 Sulidae

红脚鲣（Jiān）鸟

嘴灰色

飞羽黑色

赵超·摄

栖息地：热带海洋中的岛屿、海岸和海面上。

全长：480mm

Red-footed Booby; *Sula sula*

识别要点	头部鹅黄色，翅飞羽黑色，身体余部白色；也有棕色型个体，除尾羽白色外，身体其他部位烟褐色。嘴灰色，嘴基粉红色，嘴基裸皮蓝色，嘴下裸皮黑色；脚为全蹼足，红色。
生态特征	典型的海洋鸟类，翅长而善于滑翔。常在海面上空集群飞行觅食，俯冲入海中捕捉鱼类、软体动物等。繁殖期在海岛树上集群营巢。
分　　布	国内见于南海西沙地区，为留鸟。国外见于太平洋、大西洋和印度洋。
最佳观鸟时间及地区	全年：西沙群岛。

鸬鹚科 Phalacrocoracidae

普通鸬鹚（Lú Cí） | Great Cormorant；*Phalacrocorax carbo*

裸皮黄色

具金属光泽

栖息地：河流、湖泊、鱼塘、近海水域等湿地生境。　　**全长：900mm**

识别要点	体形较大，雌雄相似。体羽黑色为主，脸颊和喉部白色，繁殖期头部满布白色丝状羽，两胁具白色斑块。嘴长，尖端呈钩状，嘴大部黑色，下嘴基裸露部分黄色；脚为全蹼型，黑色。
生态特征	喜结群活动，游荡于开阔水域，潜水捕捉鱼类为食。也见与其他水鸟混群活动。飞行时常排成"一"字或"人"字形的队。繁殖期在水边树上或崖壁上集群筑巢。因其善于捕鱼，常被渔民饲养用作捕鱼。
分　　布	全国范围内都有分布，在长江以北的湿地多为夏候鸟或旅鸟，在南方为冬候鸟或留鸟。
最佳观鸟时间及地区	春、夏、秋季：北方地区；全年：南方地区。

鹳形目

CICONIIFORMES

具有嘴长、颈长、后肢长的特征。

适于涉水，四趾均发达，且在同一平面。

巢常造在高大树木上。

雌雄相同，雏鸟晚成。

鹭科 Ardeidae

苍鹭（老等，青庄） | Grey Heron; *Ardea cinerea*

黑色辫状羽

上体苍灰色

王吉衣·摄

栖息地：池塘、湖泊、鱼塘、河流、近海水域等有水生境。 | 全长：950mm

识别要点	大型鹭类。头顶、脸侧、颈部白色，侧冠纹黑色，枕部长有两条细长的黑色辫状羽；上体苍灰色，肩部有苍白色丝状羽；翅飞羽和初级覆羽黑色；尾短，灰色；下体在颈前具黑色纵纹，余部白色，胸部披有长的丝状羽。幼鸟羽色较暗淡。嘴、脚黄色。
生态特征	在溪流湖泊生境活动，捕捉鱼虾为食，也会吃鼠、蛇等小动物。常在水边站立不动，注视水中的鱼类，俗称"长脖老等"。单独或集群活动。繁殖期在树上、苇丛中或崖壁上筑巢。
分　布	在我国各地几乎都有分布，在东北地区多为夏候鸟，其他地区为留鸟、活动候鸟。
最佳观鸟时间及地区	春、夏、秋季：华北北部、东北；全年：华北以南。

草鹭（紫鹭，花洼子，草当，黄桩）

Purple Heron; *Ardea purpurea*

脸和颈侧具黑色条纹

陈建中·摄

栖息地：水田、苇塘、湖泊、河流等有水生境。　全长：900mm

识别要点	大型的紫灰色鹭类。头顶蓝黑色，枕部有数枚灰黑色辫状羽，头颈部多棕色，脸和颈侧具黑色条纹；上体背部、腰部和尾上覆羽灰褐色，肩部生有灰色丝状羽；飞羽暗褐色；下体灰黑色，前颈基部具蓝灰色丝状羽。嘴、脚暗黄色。
生态特征	较喜隐匿在湿地草丛中活动觅食，受惊扰常缩颈仰头站立不动，捕食青蛙、鱼虾、昆虫等，繁殖期在芦苇丛中或树上筑巢。
分　布	在我国东北、华北、华中、华南地区有分布，北方多为夏候鸟，南方地区为留鸟或冬候鸟。国外见于欧亚大陆、东南亚地区、非洲。
最佳观鸟时间及地区	夏季：东北、华北、华中、华南等地；冬季（或全年）：南方地区。

大白鹭 [白长脚鹭鸶 (Sī)，冬庄，雪客] Great Egret; *Egretta alba*

嘴裂达眼后

赵超·摄

栖息地：河流、鱼塘、湖泊、近海水域等处都有栖息。　　全长：950mm

识别要点	与苍鹭体形相当，但全身洁白，颈部经常成较为生硬的"S"形，繁殖期前颈基部和背部生有丝状羽毛。繁殖期嘴黑色，嘴裂达眼后，脸部裸露皮肤蓝绿色，脚黑色，腿部裸露皮肤肉红色；非繁殖期嘴黄色，腿和脚黑色。
生态特征	与苍鹭相似，站立姿态更显高直，单独或集小群活动，捕食水中的鱼、虾、蛇、蛙、大型昆虫等，繁殖期在树上筑巢。
分　布	在我国各地几乎都有分布，东北、华北北部、新疆北部多为夏候鸟，华南地区为冬候鸟，其他地方多为旅鸟。
最佳观鸟时间及地区	春、夏、秋季：黄河以北；全年：黄河以南地区。

中白鹭（春锄） Intermediate Egret; *Egretta intermedia*

嘴黄色，端黑

赵超·摄

栖息地：稻田、湖泊河流边滩、沼泽地、红树林、沿海滩涂。 全长：700mm

识别要点	体形在大白鹭和白鹭之间。通体白色，繁殖期胸前和背部有长的丝状羽。嘴黄色，嘴端黑色；脚黑色。
生态特征	活动于稻田、湖泊等湿地，觅食鱼、虾、昆虫、蛙类等，常结群活动。繁殖期在树上集群营巢。
分　布	国内在华北以南地区常见，为夏候鸟，东南沿海有越冬群体。国外见于印度、东南亚、大洋洲、非洲。
最佳观鸟时间及地区	春、夏、秋季：长江以南地区；冬季：华南南部。

| 白鹭（白鹭鸶，黄袜子） | Little Egret; *Egretta garzetta* |

辫状羽

赵超·摄

栖息地：在池塘、湖泊、河流等岸边，沼泽，浅滩等地活动觅食，在林地内集群营巢。

全长：600mm

识别要点	中等体形的涉禽，通体洁白，繁殖期脑后长有两根细长的羽毛，如辫状，胸部和后背具有细长的丝状饰羽。嘴长而尖、黑色；腿和脚长、黑色，趾黄色。
生态特征	活动于河流、池塘等地的浅水中，依靠长腿在浅水中涉水行走，低头觅食水中的鱼虾，食物主要为鱼类、虾类，也吃昆虫等。飞行时多结群，排成"V"字形队列前进。繁殖期在树上集群营巢。繁殖期常会与其他鹭类混群在大树上营巢。
分　布	在我国见于河北以南的大面积区域内，在北方为夏候鸟，南方为留鸟或冬候鸟。
最佳观鸟时间及地区	春、夏、秋季：东北以南大部。

黄嘴白鹭（老白，唐白鹭）
Chinese Egret; *Egretta eulophotes*

繁殖期，头后、颈基部、背部有丝状饰羽

嘴黄色

沈越·摄

栖息地：沿海及内陆各类湿地。

全长：600mm

识别要点	中型鹭科鸟类，雌雄相似，全身白色。繁殖期，头后、颈基部、背部有丝状饰羽。嘴黄色，眼先蓝色、脚黑色。非繁殖期，饰羽消失，嘴为黑色，脚黄绿色。
生态特征	单独或成对活动，有时也集小群。栖息于淡水及咸水湿地。喜食各种小鱼，也食蟹、虾、蜗牛、蚯蚓及各种水生昆虫等。
分　布	分布区狭窄，我国主要夏季见于东部、南部的沿海地区。国外见于东亚至东南亚的沿海地区及岛屿。
最佳观鸟时间及地区	夏季：辽东半岛。

牛背鹭（放牛郎，黄头鹭）
Cattle Egret; *Bubulcus ibis*

繁殖羽头部、颈部及背羽棕黄色

嘴橙色

栖息地：淡水湿地。 全长：520mm

沈越 摄

识别要点	小型鹭科鸟类，雌雄相似，繁殖羽头部、颈部及背羽棕黄色，其余为白色。嘴橙色，脚黑色。非繁殖羽，全身为白色，嘴色变浅。
生态特征	集小群活动，也和其他鹭混群。喜在靠近湿地的草丛、农田等地觅食。常追随牛活动，有时也站在牛背上，待牛扰动地面惊飞出昆虫及小动物时，它们会迅速啄食，也啄食牛的体表寄生虫。
分　布	我国除东北及西部外，广泛分布于北方地区，为夏候鸟，南方地区为冬候鸟或留鸟。国外广泛分布于各大陆。
最佳观鸟时间及地区	全年：长江以南广大地区。

池鹭[白哇（Wà）] Chinese Pond Heron; *Ardeola bacchus*

胸黑紫色

张瑜·摄

栖息地：稻田、池塘、水库、河流、湖泊等湿地生境。 | 全长：470mm

识别要点	体形中等，较为粗壮。成鸟繁殖期头颈栗色，颏、喉白色，枕部生有长的辫状羽，胸黑紫色；背蓝黑色，具细的丝状羽；翅、尾和下体白色。非繁殖期头颈土褐色，具深色纵纹，背灰褐色。嘴黄色，嘴端黑色；脚黄色。
生态特征	平时常缩颈站立，守在水边等候猎物出现，捕捉鱼、虾、蛙类、昆虫等，有时也会边走边觅食。单独或成小群活动。繁殖期在大树上集群营巢。
分　布	我国除东北北部、新疆、西藏北部外，各处均有分布，在长江以北地区多为夏候鸟，华南、西南部分地区多为留鸟或冬候鸟。
最佳观鸟时间及地区	春、夏、秋季：东北南部以南地区。全年：华南南部。

绿鹭（绿蓑鹭，鹭鸶，打鱼郎）
Striated Heron; *Butorides striata*

翅膀、上体及下体灰绿色

脚黄色或黄绿色

沈越·摄

栖息地；淡水湿地。

全长：450mm

识别要点	小型鹭科鸟类，雌雄相似，头顶至枕部黑色。头后有延长的黑色羽冠。翅膀、上体及下体灰绿色，喙黑色，脚黄色或黄绿色。
生态特征	多单独活动。栖息于植被良好的淡水湿地。夜行性，晨昏觅食，喜食泥鳅及小鱼，也食蛙、蟹、虾、蜗牛、蚯蚓及各种水生昆虫等。
分　　布	分布于我国东部各省，北方地区为夏候鸟，南方地区为冬候鸟或留鸟。国外广泛分布于热带地区及温带地区。
最佳观鸟时间及地区	夏季：北京密云区古北口。

夜鹭（黑哇）　Black-crowned Night Heron；*Nycticorax nycticorax*

白色辫状羽 ————
（此角度被遮挡）

王吉衣·摄

栖息地：鱼塘、沟渠、河流、湖泊等有水生境。　全长：600mm

识别要点	中等体形，较粗壮。成鸟头顶至后颈黑色，具金属光泽，枕部生有2枚长的白色辫状羽；上体背部青黑色，尾短，灰色；下体白色。幼鸟整体褐色具黑褐色纵纹和白色点斑。成鸟虹膜鲜红色，嘴黑，脚肉粉色；幼鸟虹膜黄色，嘴黄色，嘴端黑，脚黄色。
生态特征	喜群居，白天多在树上缩着脖子静立休息，黄昏时分开始活跃起来，纷纷飞至鱼塘、湖泊等处觅食，主要捕食鱼类，也吃虾、螺、昆虫等。繁殖期在树上集群营巢，育雏期白天也会觅食活动。
分　布	在我国东部和西南大面积地区都有分布，在东北东部，华北北部多为夏候鸟，中部地区为夏候鸟、旅鸟和冬候鸟，华南地区为留鸟。国外分布于美洲、非洲、欧亚大陆。
最佳观鸟时间及地区	春、夏、秋季：东北；全年：华北以南地区。

黑冠鸦（Jián）

Malayan Night Heron；*Gorsachius melanolophus*

头顶至枕部黑色

下体棕黄色，具黑色纵纹

沈越·摄

栖息地：湿地附近的林地。

全长：450mm

识别要点	中型涉禽，体粗壮，雌雄相似，嘴略短，脚灰绿色或黄绿色。全身羽毛为栗棕色，头顶至枕部黑色，下体棕黄色，具黑色纵纹。
生态特征	属于行为隐秘的林栖型鸦类。一般不集群。晨昏及夜间活动、觅食。喜食两栖类、爬行类、小鱼、小虾及水生昆虫等。
分　布	分布于我国的海南岛、台湾、云南西双版纳、广西瑶山。国外主要分布于亚洲南部和东南部热带和亚热带地区。
最佳观鸟时间及地区	全年：台北、海南岛等地（隐蔽性强，不常见）。

黄斑苇鳽（小水骆驼）　Chinese Little Bittern; *Xobrychus sinensis*

上体颈背
暗棕色

沈越·摄

栖息地：稻田、苇塘、多草的鱼池、荷花地等挺水植物茂密的有水生境。　全长：320mm

识别要点	体形小而细长，成鸟顶冠灰黑色，上体颈背暗棕色，背肩部和三级飞羽黄褐色，腰和尾上覆羽石板灰色；翅飞羽和尾羽灰黑色，下体淡黄白色，自喉部到胸部淡黄褐色，颈基至胸侧具浅褐色斑纹，腹和尾下覆羽黄白色。嘴黄绿色，嘴峰暗褐色；脚黄绿色。
生态特征	在水域沼泽草丛中活动，常站立于草茎上不动，低头寻找猎物，主要捕食小鱼、小虾、蛙类、水生昆虫等。遇到危险常竖起头部做拟态状。繁殖期在芦苇或香蒲丛中营巢。
分　布	国内见于东北之西南以东地区，为夏候鸟，华南沿海地区为留鸟。国外见于印度、东南亚、新几内亚等地。
最佳观鸟时间及地区	春、夏、秋季：东部大部地区。

035

雄鸟头顶黑色

脸侧、后颈至
肩背部栗紫色

沈越·摄

栖息地：苇塘、稻田、多水草的沟渠等。　　　　　　全长：330mm

识别要点	雄鸟头顶黑色，脸侧、后颈至肩背部栗紫色，腰和尾上覆羽暗褐色，尾羽黑褐色；飞羽黑褐色，内侧覆羽土黄色；下体浅棕黄色，自嘴基至胸部中央具一条暗褐色纵纹，尾下覆羽转为白色。雌鸟似雄鸟，但上体多白色点斑，下体多深褐色纵纹。嘴黑褐色，嘴基黄色；脚淡黄绿色。
生态特征	常潜伏在芦苇丛中，较为羞涩，不易被发现。捕捉小鱼虾、蛙类、昆虫等为食，繁殖期在湿地草丛中营巢。
分　布	国内见于东北至西南以东大片地区，为夏候鸟，在海南岛为冬候鸟。国外见于西伯利亚东南部、朝鲜、日本、东南亚等地。
最佳观鸟时间及地区	夏季：东北至西南以东大片地区；冬季：海南岛。

栗苇鸭（粟小鹭，独春鸟，葭鸭，小水骆驼）

Cinnamon Bittern; *Ixobrychus cinnamomeus*

全身羽毛
为栗棕色

沈越·摄

栖息地：淡水湿地。

全长：350mm

识别要点	小型涉禽，全身羽毛为栗棕色，颈侧有白色纵纹，雌雄相似，喙黄褐色，脚黄绿色。
生态特征	繁殖期成对活动。营巢于淡水湿地、水田的挺水植物丛中。夜行性，晨昏觅食，喜食泥鳅及小鱼，也食蛙、蟹、虾、蜗牛、蚯蚓及各种水生昆虫等。
分　布	分布于我国北方的辽东半岛、河北、陕西等地，为夏候鸟。广东、海南、台湾地区为留鸟。国外主要分布于东亚、东南亚和南亚等地区及部分岛屿。
最佳观鸟时间及地区	夏季：广东、海南等地（隐蔽性强，不常见）。

037

大麻鳽（水骆驼） Eurasian Bittern; *Botaurus stellaris*

密布深褐色斑纹

陈建中/摄

栖息地：苇塘、溪流周围植被较密的生境中。

全长：750mm

识别要点	体形较大且粗壮，头顶和枕部和颊纹黑色，周身黄褐色，密布深褐色斑纹，整体看上去十分斑驳，特征十分明显。嘴和脚黄绿色。
生态特征	性隐蔽，喜藏在芦苇丛中休息，黄昏或傍晚活动觅食，捕食鱼、虾、蛙类、蟹、水生昆虫等。受到惊扰会长时间缩脖站立，嘴上举，有时人走至跟前才会起飞，低飞一小段后又落下。
分　布	在新疆西北部、东北大部、华北北部为夏候鸟，在黄河以南大部分地区为旅鸟或冬候鸟。国外见于欧亚大陆和非洲。
最佳观鸟时间及地区	春、夏、秋季：东北；全年：东北以南地区。

鹳科 Ciconiidae

黑鹳（Guàn）（乌鹳） | Black Stork; *Ciconia nigra*

嘴红色

赵超·摄

栖息地：沼泽、池塘、湖泊、山区溪流等生境。 | 全长：1100mm

识别要点	大型涉禽。通体除下胸和腹部及尾下覆羽白色外，均呈黑发色；头顶和颈部闪绿色金属光泽，背、翅上覆羽具绛紫色光泽。嘴、颊部裸露皮肤和脚红色。幼鸟色偏褐。
生态特征	单独或结小群活动，喜在多砾石的溪流中涉水觅食水中的鱼虾，也吃昆虫、蛙类等。繁殖期在树上、峭壁上筑巢。
分　布	国内在东北、华北北部、西北地区多为夏候鸟，少数为留鸟，在长江以南地区为冬候鸟。国外见于欧亚大陆北部、印度和非洲。
最佳观鸟时间及地区	春、夏、秋季：东北；全年：华北、华中、秋、冬、春季：南方地区。

039

东方白鹳（老鹳） Oriental White Stork; *Ciconia boyciana*

嘴粗壮，黑色

脚长，红色

关翔宇·摄

栖息地：各种类型开阔的淡水湿地。 全长：雄鸟1190～1275mm，雌鸟1114～1210mm

识别要点	大型涉禽，雌雄相似，嘴粗壮，黑色。脚长，红色。站立状态体呈白色，尾部似黑色，其实是飞羽的部分呈黑色，盖住白色的尾羽。飞行时，头颈向前伸直，脚向后伸直。
生态特征	繁殖期主要栖息于开阔而偏僻的大型湖泊、流速缓慢的河流及沼泽湿地。非繁殖期，喜集群，迁徙期和冬季常集几十只或上百只的大群。主要在白天觅食。以鱼为食，也食蜥蜴、蛇、蛙、软体动物、蚯蚓及昆虫等。
分　布	国内繁殖主要分布于黑龙江省齐齐哈尔、哈尔滨、三江平原，吉林省向海、莫莫格；越冬主要在长江以南，江西鄱阳湖、湖南洞庭湖、安徽升金湖等地区。国外繁殖在欧亚大陆北部、北美西部。越冬在东南亚、印度、北非、中美洲等。
最佳观鸟时间及地区	夏季：齐齐哈尔、兴凯湖、向海、莫莫格等地区。冬季：鄱阳湖、洞庭湖、升金湖等地区。

秃鹳　Lesser Adjutant Stork; *Leptoptilos javanicus*

头部、颈部光裸呈土黄色及铬黄色

沈越·摄

栖息地：开阔的淡水湿地及潮湿草地。　全长：1100~1200mm

识别要点	大型涉禽，雌雄相似，嘴十分粗壮。成鸟的头部、颈部光裸呈土黄色及铬黄色。头侧裸皮粉红色，枕部有些绒羽。翅膀和上体为黑色，下体白色。脚长，暗灰褐色。
生态特征	繁殖期成对活动。非繁殖期成对或单独活动。主要在开阔的淡水湿地及潮湿草地觅食。食性广泛，以鱼为食，也食蜥蜴、蛇、蛙、鼠类、软体动物、蚯蚓及昆虫等。
分　布	主要在南亚及东南亚繁殖。国内为罕见的旅鸟，仅见于华南、西南及海南等地。
最佳观鸟时间及地区	马来西亚等国家。数量稀少，迁徙季节参照分布。

041

鹮科 Threskiornithidae

朱鹮（朱鹭，红朱鹭） Crested Ibis; *Nipponia nippon*

嘴黑色，长且先端向下弯曲，嘴端朱红色

头后具丝状长羽冠

非繁殖期，全身羽毛白色，透着浅淡的胡萝卜朱红色

沈越·摄

| 栖息地：浅水的淡水湿地、水田。 | 全长：750mm |

识别要点	中型涉禽，雌雄相似，虹膜黄色，嘴黑色，长且先端向下弯曲，嘴端朱红色。脚相对短，红色。非繁殖期，全身羽毛白色，透着浅淡的胡萝卜朱红色，头后具丝状长羽冠。繁殖期头颈部、上背及翅会涂有深灰色至浅灰色的分泌物。飞行时，头颈向前伸直，脚向后伸直于尾下。
生态特征	繁殖期成对活动。营巢于浅水湿地、水田附近的高大乔木上。非繁殖期，喜集小群。白天觅食，喜食泥鳅及小鱼，也食蛙、蟹、虾、蜗牛、蚯蚓及多种昆虫等。
分　布	朱鹮原分布于中国、前苏联、朝鲜、日本等国，后各国的朱鹮都迅速消失。国内也一度绝迹。20世纪80年代，在陕西洋县重新发现7只个体的野生种群。经过大力保护与人工繁育、野放等，使朱鹮的种群达到了数千只。目前，以陕西为基础，河南、浙江等地都建立了再引入的种群。这是一个濒危鸟种奇迹般被挽救的案例。
最佳观鸟时间及地区	全年：陕西洋县。

嘴直长，先端向两侧膨大呈匙状

沈越·摄

栖息地：各种类型的湿地。　　全长：800mm

识别要点	中型涉禽，雌雄相似，嘴直长，先端向两侧膨大呈匙状，黑色，嘴端黄色。脚中长，黑色。全身羽毛几为白色。飞行时，头颈向前伸直，脚向后伸直。
生态特征	主要栖息于开阔的大型湖泊、流速缓慢的河流及沼泽湿地。喜集小群觅食，在缓慢的行走中，将嘴伸入浅水中，左右往复扫动，靠嘴的触觉搜索食物。有时也和其他水鸟混群。主要以虾、蟹、水生昆虫及其他蠕虫等为食，也食蜥蜴、蛙、小鱼等小型脊椎动物。
分　布	国内繁殖于东北、内蒙古、新疆西北部、西藏北部等地区；越冬在长江中下游、广东、福建、香港、台湾等地区。国外繁殖于欧洲、印度及北非东西海岸；越冬于马里、苏丹、印度、斯里兰卡、日本南部等。
最佳观鸟时间及地区	夏季：东北、内蒙古等地；冬季：鄱阳湖、洞庭湖等地。

眼先至前额基
部裸皮黑色

嘴直长，先端向两侧
膨大呈匙状，黑色

沈越·摄

栖息地：各种类型的湿地。　　全长：750mm

识别要点	中型涉禽，雌雄相似，嘴直长，先端向两侧膨大呈匙状，黑色。眼先至前额基部裸皮黑色。浅黄色丝状羽冠。脚中长，黑色。全身羽毛除胸部羽毛淡黄色外几为白色。飞行时，头颈向前伸直，脚向后伸直。
生态特征	主要栖息于开阔的大型湖泊、流速缓慢的河流及沼泽湿地。喜集群觅食，越冬集群可达数十只，有时也和白琵鹭及其他水鸟混群。觅食方式为在浅水处涉水行走，半张着嘴不停左右扫动，主要通过嘴的触觉捕食，主要以虾、蟹、水生昆虫及其他蠕虫等为食，也食蜥蜴、蛙、小鱼等小型脊椎动物。
分　　布	国内繁殖于辽宁外海岛屿，迁徙经过东部沿海，越冬于东南沿海，包括香港、台湾及海南。国外繁殖于朝鲜半岛，越冬于东亚及东南亚地区。该种为濒危物种，种群数量稀少。
最佳观鸟时间及地区	冬季：香港米埔。

雁形目
ANSERIFORMES

适于漂游或潜水的游禽。

嘴大，上下嘴宽而扁平，上嘴端具嘴甲，

嘴缘有锯齿状缺刻。

头大，颈长。

前三趾具蹼，尾脂腺发达。

雌雄同色或异色，雏鸟早成。

鸭科 Anatidae

疣鼻天鹅 [瘤鹄（Hú），哑声天鹅]　Mute Swan; *Cygnus olor*

前额长有黑色疣状突

嘴赤红色，嘴基黑色

沈越·摄

栖息地：水草丰盛的淡水、咸水湿地。　全长：1300～1550mm

识别要点	大型游禽，雌雄相似，雌鸟体形稍小。全身洁白，嘴赤红色，嘴基黑色，前额长有黑色疣状突。游泳时常将双翅隆起，颈部"S"形弯曲呈优雅状态。脚与蹼黑色。
生态特征	主要以水生植物的根、茎、芽、叶和果实为食，也吃少量的水藻和小型水生动物。觅食时常像河鸭类一样尾朝上，头颈及前半身埋入水下，挖掘水下或水底的根茎。繁殖地主要在瑞典、丹麦、德国、波兰、俄罗斯、伊朗、阿富汗、蒙古和我国新疆中部及北部、青海柴达木盆地、甘肃西北部和内蒙古等地。越冬在非洲北部、地中海东部、黑海、印度北部、朝鲜、日本和我国长江中下游、东南沿海和台湾。迁徙时经过我国东北、华北和山东等地区。
分　布	国内分布于东北、华北、西北、华中、四川、江浙、台湾等地。
最佳观鸟时间及地区	夏季：内蒙古乌梁素海等地。

大天鹅（咳声天鹅，白鹅）
Whooper Swan; *Cygnus cygnus*

嘴基黄色面积达鼻孔

张锡贤·摄

栖息地：水库、湖泊、河流、苇塘等有水生境。

全长：1550mm

识别要点	大型游禽。成鸟通体洁白，嘴先端黑色，嘴基部黄色面积达鼻孔中央位置，脚黑色。亚成鸟羽色较灰，嘴呈暗粉色。
生态特征	活动于各种有水生境，常在水面游泳觅食，也会将头扎入水下取食水底的食物，食物包括多种水生植物的茎、叶、种子等，也会取食鱼、虾、螺类、昆虫等。叫声响亮。繁殖期成对活动，营巢在水边草丛中。迁徙季节结成小群，在越冬地集大群活动。
分　布	在我国东北和新疆北部地区繁殖，越冬于我国中东部地区。在国外见于欧洲和亚洲北部大部分地区。
最佳观鸟时间及地区	夏季：东北北部；春、秋季：北方大部地区；冬季：华中、华东地区。

鸿雁（原鹅，大雁）　Swan Goose; *Anser cygnoid*

前颈近白色　头顶到后颈色深

关翔宇·摄

栖息地：开阔平原的湖泊、水塘、河流、沼泽等湿地。　全长：900mm

识别要点	大型游禽，雌雄相似。嘴黑色，体羽浅灰褐色，头顶到后颈色深，前颈近白色。
生态特征	繁殖地主要在西伯利亚和我国东北。每年都会在繁殖地和越冬地之间迁徙往返。飞行时颈向前伸直，脚贴在腹下，一个接一个排成"一"字或"人"字队形。食物主要是各种水生或陆生草本植物的叶、芽，也吃少量软体动物。冬季也常到农田觅食农作物。觅食多在夜间。非繁殖期，雁群天黑集群飞往觅食地，清晨返回湖泊或河流及附近地区休息或游水。
分　布	国内分布于除陕西、西藏、贵州、海南外各省。国外繁殖在西伯利亚南部、中亚。越冬在朝鲜半岛和日本。
最佳观鸟时间及地区	夏季：东北及内蒙古湿地；秋冬季：华北、山东、湖南的大型湿地。

豆雁（大雁，麦鹅） Bean Goose; *Anser fabalis*

嘴有一橙
黄色斑

陈建中·摄

栖息地：水库、湖泊、河流、苇塘、农田。　　　　全长：800mm

识别要点	大型的游禽。上体灰褐色或棕褐色，羽缘浅黄白色，尾上覆羽近白色；下体羽从喉部至胸部淡棕色，腹部污白色，两胁具灰褐色横斑。嘴黑色，嘴先有一橙黄色斑，脚橙黄色。
生态特征	常活动于湿地生境中，善游泳，取食植物特别是多种水生植物的茎叶、果实、块根茎等，也会落在农田中啄食作物种子、嫩苗等。飞行时常排成"一"字或"人"字队形，边飞边叫。越冬时常结大群活动，繁殖期成对活动，筑巢在水边草丛中。
分　布	在我国繁殖于东北北部，在新疆、东北南部、华北、长江中下游地区为旅鸟和冬候鸟。国外见于欧洲和亚洲大部分地区。
最佳观鸟时间及地区	春、秋季：东北、华北；冬季：南方地区。

白额雁（大雁） Greater White-fronted Goose; *Anser albifrons*

宽阔白斑

栖息地：淡水湿地。　　　全长：640~800mm

沈越·摄

识别要点	大型游禽，雌雄相似。从嘴基部至额有一宽阔白斑，嘴肉色或粉红色，上体灰褐色，下体色浅杂有黑色斑块。脚橄榄黄色。
生态特征	繁殖期栖息于北极苔原带富有矮小植物和灌丛的湖泊、沼泽等湿地及其附近的苔原等生境。喜在陆地上觅食和休息。多白天觅食，清晨前往觅食地，午后返回夜宿地饮水或休息。善游水。飞行时队形为"一"字或"人"字形。
分　布	国内分布于东北、华北、华中、华东各省及广西、广东、台湾、新疆、西藏南部等地。
最佳观鸟时间及地区	秋季（10月中下旬）：我国东北、华北、新疆、西藏等地；冬季：湖南东洞庭湖、江西鄱阳湖等地。

嘴基白斑延伸至头顶

栖息地：湖泊、河流、农田、苇塘等。　　　　全长：620mm

识别要点	中等体形的雁类。头颈、上体以灰褐色为主，羽缘浅褐色；翅飞羽深褐色；下体灰色，两胁具黑色横斑；下腹、尾下覆羽近白色。嘴粉红色，嘴基有白斑，向上延伸至头顶端，超过眼睛的位置；脚橘黄色。
生态特征	常集群活动，具有雁类的一般习性。有时会与其他雁类混群活动。
分　布	国内主要见于东部地区，在长江以北地区多为旅鸟，在长江中下游地区为冬候鸟。国外见于欧亚大陆北端，越冬在中东地区。
最佳观鸟时间及地区	冬季：湖南岳阳洞庭湖。

斑头雁（白头雁，黑纹头雁） Bar-headed Goose; *Anser indicus*

白色头上有
两道黑斑

赵超·摄

栖息地：高原湖泊。

全长：700mm

识别要点	体形较大，头颈白色，头后具两道黑色斑纹，后颈黑色；上体灰色，羽缘色浅；前颈棕黑色至胸部颜色逐渐减淡，胸腹灰色，两胁具褐色横斑，下腹和尾下覆羽白色。嘴黄色，尖端黑色，脚橙黄色。
生态特征	主要在高原湿地生活，取食植物种子、茎、叶，能适应在碱性较高的内陆湖泊中生活。
分　布	我国东北西北部地区，青海、西藏、四川、贵州等高原地区。国外见于亚洲中部、印度北部和缅甸等地。
最佳观鸟时间及地区	夏季：青海青海湖；冬季：贵州威宁草海、云南丽江拉市海。

赤麻鸭[黄鸭, 黄凫(Fú),红雁] Ruddy Shelduck; *Tadorna ferruginea*

周身赤黄

张永·摄

栖息地: 内陆湖泊、高原湖泊、河流、水库等地。　　全长: 630mm

识别要点	大型鸭类。周身以赤黄色为主，脸部色较淡，一些个体脸部几接近白色，翅和尾黑色，翼镜为铜绿色，翅上覆羽和翅下覆羽白色。雄鸟繁殖期在颈部有一黑色环。嘴和脚黑色。
生态特征	常结大群活动，在水面或农田中取食植物种子、嫩芽等，也吃水生昆虫、软体动物、鱼、虾等。飞行时常排成横排或直列，叫声粗犷。
分　布	在我国东北、西北和西南地区繁殖，迁徙是经过全国大部分地区，在东部地区和东南地区越冬。国外见于欧洲东南部和印度中亚地区。
最佳观鸟时间及地区	夏季：东北北部；全年：东北以南大部地区。

翘鼻麻鸭（白鸭，冠鸭，掘穴鸭，潦鸭，翘鼻鸭）
Common Shelduck；*Tadorna tadorna*

繁殖期雄鸟嘴基部有红色疣状物

从背至胸部有一条宽的浅栗色环带

沈越·摄

栖息地：水草丰盛的淡水、咸水湿地。	全长：520～630mm

识别要点	大型鸭类，雌雄相似，体羽以白色为主，头和颈黑色，具绿色光泽。嘴向上微翘，红色，繁殖期雄鸟嘴基部有红色疣状物。从背至胸部有一条宽的浅栗色环带。停歇时，黑色肩羽在背侧十分显眼。脚红色。
生态特征	繁殖期成对活动。栖息于开阔的盐碱地及其附近的湖泊。迁徙期和越冬期栖息于淡水湖泊、浅水海湾、盐田及海边滩涂。主要以小鱼等水生小动物为食，也吃少量植物的叶、芽、种子等。
分　布	国内除海南外，见于各省。
最佳观鸟时间及地区	夏季：5～8月份，内蒙古达里诺尔湖等地。

棉凫（棉鸭）

Asian Pygmy Goose; *Nettapus coromandelianus*

雄鸟体羽主要为白色

沈越·摄

栖息地：江河、湖泊、水塘和沼泽湿地。	全长：300~330mm

识别要点	小型鸭类，雄鸟体羽主要为白色，头顶、上体、翅黑褐色具绿色金属光泽。颈基部具一宽阔黑色闪绿色金属光泽的颈环。雌鸟轮廓与雄鸟相同，但白色部分污浊，黑色部分转为褐色并具不明显的绿色金属光泽，具黑色贯眼纹。
生态特征	喜在淡水湿地栖息，尤其喜欢水生植物丰富的开阔水域。常成对或几只小群活动，有时也可达到20只的大群。不太怕人，善游泳。在树洞里营巢繁殖。
分　布	国内分布于除西藏、新疆外各地。多为夏候鸟。国外分布于印度、斯里兰卡、孟加拉国、中南半岛、印度尼西亚、马来西亚、澳大利亚等地。
最佳观鸟时间及地区	夏季：根据上述分布地区，数量稀少，很难见到。

鸳鸯（匹鸟，官鸭）　Mandarin Duck; *Aix galericulata*

橙色帆状羽

张铭　摄

栖息地：山涧湖泊、水塘，平原地区的近林地水域。迁徙季节也见于一些大型水面。在一些城市园林中也有分布。

全长：400mm

识别要点	非常漂亮的小型游禽。雄鸟色彩丰富，头部冠羽色深，闪金属光泽，眼上宽阔的白色眉纹延伸至脑后，脸部和颈侧具栗黄色条状羽，上背暗褐色，三级飞羽橙黄色帆状竖立非常醒目，尾羽暗褐色；胸侧黑色具两条白色条纹，两胁栗黄色，前胸和腹部及尾下覆羽白色，嘴呈红色，嘴端肉色，脚橙黄色。雌鸟羽色暗淡，上体灰褐色，胸部及两胁灰褐色具近白色羽缘，腹部和尾下覆羽白色，嘴灰色，脚近黄色。
生态特征	常活动于林间的水塘中，善于游泳，取食多种植物、昆虫、软体动物、鱼、虾等。除繁殖季节多集群活动，繁殖季节常见成对活动，筑巢于树洞中。
分　布	国内在东北、华北北部地区繁殖，迁徙经过东部大部分地区。在我国南方越冬。近年来发现的分布地区有所扩大，在如北京等的城市园林中亦见有繁殖，在以往记录的冬候地区也陆续有繁殖新纪录。国外见于俄罗斯东部、朝鲜、日本。
最佳观鸟时间及地区	夏季：东北；全年：东北以南地区。

赤颈鸭 [赤颈凫（Fú），红鸭]

Eurasian Wigeon; *Mareca penelope*

额至头顶乳黄色

雄鸟头和颈棕红色

背和两胁灰白色，
满布暗褐色波状细纹

沈越·摄

栖息地：淡水湿地及河口、海湾。

全长：410～520mm

识别要点	中型鸭类，雄鸟头和颈棕红色，额至头顶乳黄色，背和两胁灰白色，满布暗褐色波状细纹。胸部浅锈红色，翼镜翠绿色。雌鸟略小，上体黑褐色，上胸棕色，其余下体白色，翼镜暗灰褐色。
生态特征	繁殖期成对活动，非繁殖期集群，常与其他鸭类混群。主要以植物性食物为食。
分　　布	国内见于各省，黑龙江省和吉林省有繁殖记录。国外繁殖见于欧亚大陆北部，从冰岛、英国、横跨斯堪的纳维亚半岛、原苏联北部，经贝加尔湖到太平洋沿岸和库页岛。越冬地广泛，欧洲南部、非洲东北部和西北部、埃及、伊朗、巴基斯坦、印度、中南半岛、日本和菲律宾等地。
最佳观鸟时间及地区	春季：3月下旬至4月上旬，华北及东北南部各地；秋季：9月下旬至10月上中旬，东北南部及华北各地。

罗纹鸭 [扁头鸭，葭（Jiā）凫，镰刀毛小鸭，镰刀鸭]

Falcated Duck; *Mareca falcata*

三级飞羽甚长，向下弯曲呈镰刀状

下体具黑白相间波浪状细纹

三角形米黄色块斑

沈越·摄

栖息地：淡水湿地及沿海沼泽。

全长：400~520mm

识别要点	中型鸭类，雄鸟头顶暗栗色，头侧、颈侧和颈冠铜绿色，额部有一小白斑，前颈白色，颈基部有一黑色横带，体羽以灰色为主，下体具黑白相间波浪状细纹，三级飞羽甚长，向下弯曲呈镰刀状，尾下两侧各有一块三角形米黄色块斑。明显区别于其他鸭类。雌鸟略小于雄鸟，上体黑褐色，布满淡棕红色"U"形斑，下体棕白色，布满黑斑。
生态特征	主要栖息于淡水水域及其沼泽地带，繁殖期栖息于偏僻而富有水生植物的中小型湖泊。成对或成小群活动，冬季也可成10只以上的大群。晨昏取食，多植食性。
分　布	国内除甘肃、新疆外，见于各省，多为旅鸟和冬候鸟，少为夏候鸟。国外分布见于朝鲜、日本、中南半岛、印度北部。
最佳观鸟时间及地区	冬季：我国长江中下游和东南沿海及其他东部各省，数量较少，不易见到。

绿翅鸭（小凫，小水鸭，小麻鸭）　Green-winged Teal; *Anas crecca*

绿色斑带围有
污白色窄纹

赵超·摄

| 栖息地：池塘、湖泊、河流、水库等有水生境。 | 全长：370mm |

识别要点	小型鸭类。雄鸟头颈部栗色，眼周至脑后有一条宽的绿色斑带并围有污白色窄纹；上体肩背部灰色具深色细小的蠹状斑，肩部有一细长的白色条纹，翼镜亮绿色；腰、尾上覆羽和尾羽暗褐色；胸部皮黄色杂以黑色小圆斑点，两胁灰色具细小的蠹状斑；尾下覆羽黑色，两侧各具一较大的黄色三角形斑块；嘴黑色，脚棕黄色。雌鸟暗褐色，具深色斑纹，嘴深灰色，嘴缘土黄色。
生态特征	常见活动于各种开阔水域，取食水生植物、鱼、虾、水生昆虫等，飞行时振翅极快。繁殖期营巢在草丛中地面上。
分　布	在我国东北和新疆西部地区繁殖，在其他大部分地区都有分布，多为旅鸟和冬候鸟。见于整个欧亚大陆和北美洲。
最佳观鸟时间及地区	夏季：东北北部；秋、冬、春季：东北以南地区。

绿头鸭（大绿头，大红腿鸭，大麻鸭） Mallard; *Anas platyrhynchos*

绿头

栖息地：湖泊、水库、河流、池塘、近海水域等有水生境。 | 全长：580mm

识别要点	大型野鸭。雄鸟：头颈绿色具金属光泽，颈部具一白环，胸部栗褐色。上体肩背部黑褐色，下体灰白色，中央尾羽黑色，上卷成勾状。嘴黄色，脚橙红色。雌鸟：上体黑褐色，羽缘色浅，下体浅棕色，缀以褐色斑。嘴中央褐色，嘴缘橙色，脚橙红色。
生态特征	常见大群在水面觅食、游泳或休息，在水中活动以凫水为主，少潜水。杂食性，常取食水生植物，也吃螺、虾和昆虫等。多在水面取食或将头颈扎入浅水中取食水底的食物。营巢于水边的草丛中。为我国家鸭祖先之一。
分　布	全国范围都有分布，在我国北方繁殖，于南方越冬。在全球广布于北半球大部分地区。
最佳观鸟时间及地区	春、夏、秋季：东北、新疆；全年：余部。

斑嘴鸭（夏凫，谷鸭，麻鸭）Spot-billed Duck; *Anas poecilorhyncha*

黄色斑块

张锡贤·摄

栖息地：湖泊、水库、河流、池塘、水田。　　全长：580mm

识别要点	大型野鸭。体羽大部分棕褐色，羽缘色浅，头顶色重，棕白色眉纹和黑褐色贯眼纹对比鲜明，三级飞羽白色，尾羽黑褐色，羽缘色浅。嘴黑色，嘴端有一黄色斑块。
生态特征	常结群在各种有水生境活动觅食。食物包括多种水生植物，也吃螺、虾和昆虫等。多在水面取食或将头颈扎入浅水中取食水底的食物。营巢于水边的草丛中。为我国家鸭祖先之一。
分　布	国内除西北部地区外广布于各地，在东北、华北地区繁殖，少量冬侯，华北以南大部分地区为冬候鸟。国外还见于印度及东南亚地区。
最佳观鸟时间及地区	春、夏、秋季：东北；全年：全国除新疆、东北地区。

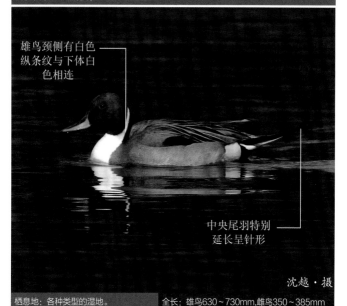

针尾鸭（尖尾鸭，长尾凫）

Northern Pintail; *Anas acuta*

雄鸟颈侧有白色纵条纹与下体白色相连

中央尾羽特别延长呈针形

沈越·摄

栖息地：各种类型的湿地。

全长：雄鸟630～730mm,雌鸟350～385mm

识别要点	中型鸭类，雄鸟头暗褐色，颈侧有白色纵条纹与下体白色相连，翼镜铜绿色，体羽远看主要为灰色，中央尾羽特别延长呈针形，胸铅灰色。尾下覆羽红色。雌鸟上体黑褐色，杂以黄白色短斑，无翼镜，中央尾羽不特别延长。
生态特征	繁殖期主要栖息于内陆大型湖泊、流速缓慢的河流及沼泽湿地。喜集群，迁徙期和冬季常集几十只或数百只的大群。主要在黄昏和夜晚觅食。白天多隐蔽在有水的挺水植物丛中休息或于远离岸边的水面上游荡。
分　　布	国内分布见于各省，多为旅鸟或冬候鸟，仅在天山地区有繁殖记录。国外繁殖在欧亚大陆北部、北美西部。越冬在东南亚、印度、北非、中美洲等。
最佳观鸟时间及地区	冬季：南方各地；春秋季：华北、东北各地。

白眉鸭 　Garganey; *Spatula querquedula*

雄鸟宽阔的白色眉纹延伸到头后

沈越·摄

栖息地：各类湿地。　　　　　　　　　全长：340～410mm

识别要点	小型鸭类，雄鸟嘴黑色，头和颈淡栗色，宽阔的白色眉纹延伸到头后，胸棕黄色，密布暗褐色波状斑纹。上体暗褐色，两胁和下体棕白色。雌鸟上体黑褐色，下体污白，眉纹棕白色，不及雄鸟显著。
生态特征	繁殖期成对活动，迁徙期和冬季集小群或大群。主要植食性，春季也吃少量软体类、昆虫等小型动物。夜间觅食，白天在开阔水面或挺水植物丛中休息。
分　布	国内见于各省，以冬候鸟和旅鸟为主，也有部分在新疆、黑龙江、吉林夏候繁殖。国外繁殖分布在英国东南部、瑞典南部、芬兰、法国、意大利、黑海、土耳其、西伯利亚、原苏联北部余部、蒙古、堪察加半岛等地区。越冬地在欧洲南部、西非、埃及、肯尼亚、伊拉克、伊朗、印度、中南半岛、日本、菲律宾、印度尼西亚及澳大利亚等地区。
最佳观鸟时间及地区	冬季：云南、广东、广西、台湾等地；春秋季：华北及东北各省。

琵嘴鸭（广朱凫，琵琶嘴鸭，铲土鸭，杯凿）
Northern Shoveler; *Anas clypeata*

黑色扁铲
状嘴

赵超·摄

栖息地：沼泽、湖泊、河流、水库、近海湿地等有水生境。　　全长：500mm

识别要点	大型鸭类。雄鸟头颈近黑色，闪蓝绿色金属光泽，胸白色，上体黑褐色具白色条纹，尾上覆羽金属绿色，中央尾羽暗褐色，羽缘白色，外侧尾羽白色，具褐色斑纹；下体腹部和两胁栗色，尾下覆羽黑色。雌鸟褐色，满布深色斑纹。嘴大而形状特殊，呈扁铲状，雄鸟嘴黑色，脚橙黄色。雌鸟嘴黄褐色，嘴缘橙黄色。
生态特征	常见与其他种类的野鸭混群活动，利用铲形的嘴挖掘湿地泥土寻找食物，取食水生植物、软体动物、鱼、虾等。繁殖季节营巢于芦苇丛中地面上。
分　布	在我国东北北部和新疆西部地区繁殖，长江以北大部分地区为旅鸟，长江中下游及南部地区为冬候鸟。见于欧洲、亚洲和北美洲的大部分地区。
最佳观鸟时间及地区	春、夏、秋季：东北北部；秋、冬、春季：余部。

赤嘴潜鸭（大红头） Red-crested Pochard; *Netta rufina*

头棕红色

嘴红色

赵超·摄

栖息地：低地至高原的池塘、沼泽等生境。 全长：550mm

识别要点	体形大的潜鸭。雄鸟头、前颈棕红色；后颈、胸和上腹棕黑色；背部、翅上覆羽灰褐色，翅外侧飞羽褐色，内侧飞羽大部白色；尾上覆羽和尾下覆羽黑色，尾羽灰褐色，羽缘近白色；两胁下部白色，在体侧形成两块大的白斑。嘴和脚红色。雌鸟羽色暗淡，体羽以褐色为主，脸下、喉和颈部灰白色。
生态特征	结群活动，也会与其他野鸭混群。常潜入水中觅食藻类、鱼、虾等。繁殖期在芦苇丛中筑巢。
分　布	国内在新疆、内蒙古乌梁素海繁殖，在四川南部、贵州、云南等地为旅鸟或冬候鸟。国外见于东欧和西亚。
最佳观鸟时间及地区	春、夏、秋季：新疆；秋、冬、春季：西南地区。

红头潜鸭（红头鸭）　Common Pochard; *Aythya ferina*

头颈栗红色 ————➤

赵超·摄

栖息地: 沼泽、湖泊、河流、水库、近海湿地等有水生境。　全长: 450mm

识别要点	体形较短圆，雄鸟头颈栗红色，胸部黑褐色，上体背部浅灰色，具细小的深色蠹状斑，腰和尾上覆羽黑色，尾羽灰褐色；下体灰白色，尾下覆羽黑色，嘴铅灰色，嘴基和尖端黑色，脚铅灰色。雌鸟头颈和胸部棕褐色，颏喉棕白色，眼周皮黄色，身体以灰褐色为主，嘴黑色。
生态特征	常结群在水中游泳觅食，善于潜水，常潜到水下寻找食物，取食多种植物、水生昆虫、鱼、虾等。繁殖期筑巢在芦苇丛中，是常见的潜鸭种类。
分　布	在我国东北地区和新疆北部繁殖，长江以北地区大部分为旅鸟和冬候鸟，在长江以南地区主要为冬候鸟。
最佳观鸟时间及地区	春、秋季：东北；秋、冬、春季：全国大部。

白眼潜鸭（白眼凫） Ferruginous Duck; *Aythya nyroca*

雄鸟虹膜银白色

全身近棕褐色

沈越·摄

栖息地：繁殖期间主要栖息于开阔地区富有水生植物的淡水湖泊。冬季主要栖息于大的湖泊、水流缓慢的江河、河口、海湾和河口三角洲。

全长：330~430mm

识别要点	小型鸭类，全身近棕褐色，虹膜雄鸟银白色，雌鸟灰褐色。嘴黑灰色或黑色，跗跖银灰色或黑色和橄榄绿色。
生态特征	繁殖期栖息于开阔而水生植物丰富的淡水湖泊等水域，越冬常栖息于水流较缓的河流、湖泊及人工水库。潜水觅食。喜与其他潜鸭混群。
分　　布	国内在西部和西北部有繁殖，越冬于包括台湾的南方大部分地区。国外繁殖于中南欧、地中海、中亚等地区，越冬于北非、南亚及东南亚。
最佳观鸟时间及地区	春、秋季：国内各省等地；夏季：河北衡水湖。

凤头潜鸭（泽凫，凤头鸭子） Tufted Duck; *Aythya fuligula*

黑色冠羽

陈建中·摄

栖息地：沼泽、湖泊、河流、水库、近海湿地等有水生境。　　全长：420mm

识别要点	雄鸟黑白两色，除腹部和两胁白色外，余部黑色。头枕部具凤头，脸部闪紫色金属光泽；翅上覆羽颜色稍淡，外侧飞羽黑色，内侧飞羽白色羽端黑色。雌鸟褐色，凤头较短，两胁褐色，羽缘浅褐。嘴和脚灰色。
生态特征	似其他潜鸭。
分　布	全国可见，在东北北部繁殖，长江以南地区越冬，其余地区多为旅鸟。国外见于欧亚大陆北部。
最佳观鸟时间及地区	夏季：东北北部；秋、冬、春季：全国大部。

斑背潜鸭 [铃凫，东方蚬（Xiǎn）鸭]
Greater Scaup; *Aythya marila*

白色斑块（雌鸟）

张锡贤·摄

| 栖息地：近海水域、湖泊、河口等。 | 全长：480mm |

识别要点	外形与凤头潜鸭相似，但个体稍大，头部无凤头。雄鸟头部略闪绿色金属光泽，背部灰色，具深色的细横纹，两胁和腹部污白色。雌鸟羽色与凤头潜鸭雌鸟相似，嘴基具一较大的白色斑块。虹膜黄白色，嘴灰蓝色，脚灰色。
生态特征	同其他潜鸭。常见于沿海水域或河口。
分　布	见于我国东部沿海地区，为冬候鸟和旅鸟。国外见于亚洲北部和东南亚地区。
最佳观鸟时间及地区	春、秋季：东部沿海地区。

鹊鸭（金眼鸭，喜鹊鸭，白脸鸭）
Common Goldeneye; *Bucephala clangula*

雄鸟头部墨绿色具金属光泽

雄鸟喙基部具大块白斑

胸及下体白色

沈越·摄

栖息地：栖息于湖泊、水库、海湾　　　　全长：400～480mm

识别要点	中型鸭类，雄鸟头部墨绿色具金属光泽，喙基部具大块白斑。胸及下体白色。雌鸟头部暗褐色，通体灰褐色，颈下部有白色颈环，嘴端黄色。
生态特征	主要栖息于平原森林地带中的溪流、水塘和水渠中，尤喜湖泊与流速缓慢的江河附近的林中溪流与水塘。游泳时尾翘起。白天活动，成群游泳在水流缓慢的江河与沿海海面，边游边不断潜水觅食。善潜水，一次能在水下潜泳30s左右。食物主要为昆虫、软体动物、小鱼、蛙等。
分　　布	国内繁殖于新疆及东北北部，越冬于黄河流域、长江流域、珠江流域及东北至东南部各沿海水域。国外繁殖于全北界中北部，越冬于全北界南部。
最佳观鸟时间及地区	全年：参照上述分布地区。

斑头秋沙鸭（花头锯嘴鸭，鱼鸭，狗头钻，小秋沙鸭）

Smew; *Mergellus albellus*

眼周黑色 —

—— 具冠羽

陈建中·摄

栖息地：湖泊、河流、大型鱼塘、水库、近海水域。　　　　全长：400mm

识别要点	体形较小的秋沙鸭。雄鸟黑白两色，对比鲜明，头部具羽冠，易于辨认。雌鸟头顶栗褐色，眼周、脸部近黑，上体黑褐色，肩部偏灰；下体颏喉部白色，两胁土褐色。嘴近黑色；脚灰色。
生态特征	常活动于较大型的水域，多结群活动，也会与其他水鸟混群。潜水捕食各种鱼、虾。繁殖期在树洞中营巢。
分　布	国内在内蒙古东北部繁殖，东北大部、华北、新疆西部、华中、长江以南地区为旅鸟和冬候鸟。国外见于欧亚大陆北部、印度北部等地。
最佳观鸟时间及地区	秋、冬、春季：除海南外各地。

普通秋沙鸭（大锯嘴鸭子，拉他鸭子，鱼钻子）
Common Merganser; *Mergus merganser*

头颈具绿色
金属光泽

张永·摄

栖息地：湖泊、河流、大型鱼塘、水库、近海水域。　　　全长：680mm

识别要点	大型的鸭类。雄鸟头颈黑色，具绿色金属光泽，枕部具短的冠羽，下颈白色；上被黑褐色，下背及尾上覆羽灰色，尾羽灰褐色；下体羽白色。雌鸟头颈棕褐色，颏喉部白色，上体灰褐色，两胁具灰色蠹状纹，腹部白色。嘴红色，细长尖端有小钩，嘴端黑色，脚橙红色。
生态特征	常活动于较大型的水域，多结群活动。潜水捕食各种鱼、虾。
分　　布	在我国东北北部，新疆西北部，西南高原湖泊生境繁殖，长江以北大部分地区为旅鸟和冬候鸟，在长江以南地区为冬候鸟。国外见于北半球的其他地区。
最佳观鸟时间及地区	秋、冬、春季：全国大部。

白头硬尾鸭　White-headed Duck; *Oxyura leucocephala*

尾尖而硬

头白色，头顶黑色

雄鸟嘴蓝色，
嘴基部隆起

沈越·摄

栖息地：主要在淡水湖泊。　　　　　　　全长：430～480mm

识别要点	小型鸭类，雄鸟嘴蓝色，嘴基部隆起，尾尖而硬。头白色，头顶黑色，上体棕灰色。雌鸟轮廓似雄鸟，全身棕褐色，眼下有一条白色纵纹从嘴基延伸至枕部。
生态特征	繁殖期临时成对结合。主要植食性，以水生植物为主，也吃少量小鱼、软体类等小型动物。善于游泳和潜水。
分　布	国内繁殖于新疆西北部，偶见于湖北。国外分布于欧洲东南部、中亚以及非洲西北部。
最佳观鸟时间及地区	夏季：新疆西北部，含乌鲁木齐。

隼形目
FALCONIFORMES

嘴基部具蜡膜，嘴、爪锐利具钩。

性凶猛，嗜肉食。

翅发达，善飞翔。

雌鸟大于雄鸟，雏鸟晚成。

鹰科 Accipitridae

黑冠鹃隼（Sǔn）　Black Baza; *Aviceda leuphotes*

明显的黑色羽冠

整体以黑白两色为主

沈越·摄

栖息地：山地森林及林缘地带。　全长：320mm

识别要点	偏小型的猛禽，雌雄相似，整体以黑白两色为主。有明显的黑色羽冠。嘴黑色，脚黑色。
生态特征	多单独活动或成对活动。栖息于植被良好的山地林区、林缘、农田附近。喜食各类昆虫及小型脊椎动物。
分　布	分布于我国南方地区。国外分布于南亚、东亚、东南亚等地区。
最佳观鸟时间及地区	夏季：河南董寨。

凤头蜂鹰　Oriental Honey Buzzard; *Pernis ptilorhynchus*

尾端具宽黑带

沈越·摄

栖息地：分布生境十分广泛，山区丘陵林地、平原村落、耕地、草原等地都有栖息。

全长：580mm

识别要点	体形中等偏大的猛禽，特别是翅膀长而宽大。羽色类型多样，从黑白两色到黑棕白多色相间都有，和其他猛禽相比头占身子比例小而颈较长，飞行时尤为显著，头部具不十分明显的凤头，眼先羽毛呈细小鳞片状；各种色型的个体在喉部的颜色都较浅，飞行时翅尖分叉、色深，翅下、腹部和尾部都具有深浅相间的横斑纹。嘴铅灰色，浅钩状，较其他猛禽嘴显得相对较小，脚黄色。
生态特征	凤头蜂鹰的习性较为特别，主要捕捉蜂类，并喜欢取食蜂蜡、蜂蜜等，偶尔也捕捉其他昆虫。繁殖期筑巢于高大树木顶端或占用其他猛禽的旧巢。飞行时翅膀伸直，尾羽打开，类似于鹭。
分　　布	在我国东北北部和东部、四川南部、云贵地区为繁殖鸟，中部和东部大部分地区为旅鸟，在海南、台湾有冬候个体。国外见于欧亚大陆东部和东南亚地区。
最佳观鸟时间及地区	春、秋季：大连老铁山、河北秦皇岛、北京西山、山东长岛。

黑翅鸢　Black-shouldered Kite; *Milvus lieatus*

蜡膜黄色

陈建中·摄

栖息地：栖息于山区、平原、村落的开阔生境中。　　　全长：300mm

识别要点	小型猛禽。头顶、后颈及上体大部分区域为淡蓝灰色，眼上周黑色；肩部和初级飞羽黑色；脸、前颈、尾羽和下体白色。眼睛虹膜红色，十分醒目；嘴黑色，蜡膜黄色；脚黄色。
生态特征	喜在空旷地上空寻找地面上的食物，经常飞行一段然后在空中某位置振翅悬停，低头寻找猎物。平时常立于空旷地的电线杆上或枯树枝上等较高处。捕食鼠类、小鸟、大型昆虫等。筑巢于高树上。
分　布	国内见于河北以南的大部分地区，多为留鸟。国外见于非洲、欧亚大陆南部，印度及东南亚地区。
最佳观鸟时间及地区	全年：华南地区。

黑鸢（鹰，老鹰） Black Kite; *Elanus caeruleus*

叉状尾飞行时 —— 平齐状

赵超·摄

栖息地：山区林地、丘陵、平原、村落耕地附近等生境都可见到。		全长：650mm

识别要点	体形较大的猛禽。周身褐色具深色纵纹。飞行时初级飞羽张开呈明显的指状，翅下初级飞羽基部具浅色斑块，停落时尾羽呈叉状，容易辨认。嘴和脚灰色。
生态特征	较为常见的猛禽，飞行时长时间展翅盘旋，捕食鼠类、小鸟、蛙等小动物。也常会寻食腐肉。繁殖期多在高大乔木顶端或悬崖上筑巢。
分　布	几乎全国分布，在东北北部为夏候鸟，其他地方多为留鸟和旅鸟。国外见于亚洲北部、东至日本范围内的广大地区。
最佳观鸟时间及地区	春、秋季：大连老铁山、河北秦皇岛、北京野鸭湖、天津北大港、山东长岛。

白腹海雕　White-bellied Sea Eagle; *Haliaeetus leucogaster*

全身除飞羽和尾基部黑色外，都是白色

沈越·摄

栖息地：海岸及河口地区。　全长：800mm

识别要点	大型猛禽，雌雄相似。头、颈、下体白色，背黑灰色，楔形尾，尾基部灰色，端部白色。飞行时，从下往上看，全身除飞羽和尾基部黑色外，都是白色，很易辨认。
生态特征	喜在海岸及河口地区的湿地活动，有时也出现在海岸附近的丘陵或水库上空。抓捕鱼类、野鸭、海蛇、野兔、蛙，有时也袭击家禽或食动物尸体。
分　布	国内分布于东南沿海，包括海南、台湾、香港等地。国外分布于东洋界及澳新界的沿海地区。
最佳观鸟时间及地区	全年：香港米埔。

079

玉带海雕（黑鹰，腰玉）

Pallas's Fish Eagle; *Haliaeetus leucoryphus*

下体以褐色为主

尾羽基部有宽阔而显眼的白色区域（从背面看）

飞羽及尾端近黑色

沈越·摄

栖息地：湖泊、河流及大型水塘。　　全长：850mm

识别要点	大型猛禽，雌雄相似。头、颈、喉土黄色，颈部羽毛较长，呈披针状，上背浅褐色，其余上体深褐色。下体以褐色为主，飞羽及尾端近黑色，尾羽基部有宽阔而显眼的白色区域。
生态特征	喜在湖泊、河流及大型水塘附近地区活动。主要以鱼类和鸭雁为食，也食蛙、蛇、动物尸体等。
分　布	国内繁殖分布于西北、东北地区，迁徙路过华北地区，西南地区有少量越冬。国外分布于中亚到东亚北部、南亚、东南亚等地区。
最佳观鸟时间及地区	夏季：内蒙达里诺尔等地。

| 白尾海雕 | White-tailed Sea Eagle; *Haliaeetus albicilla* |

通体暗褐色 尾羽白色

沈越·摄

| 栖息地：湖泊、河流、水库、海岸及河口地区。 | 全长：900mm |

识别要点	大型猛禽，雌雄相似。通体暗褐色，尾羽白色，楔形。嘴粗大，嘴和脚黄色。幼鸟嘴近黑色，体羽多为深褐色，尾羽白色不显，亚成鸟需经 5 年才能成为成鸟。
生态特征	喜在湖泊、河流、水库、海岸及河口地区活动，单独或成对在大型水面上飞翔。喜食鸭雁、天鹅、雉鸡、野兔、鼠类、鱼类，也食动物尸体。
分　布	国内繁殖分布于东北、黄河流域及以南等地区，国外分布于欧亚大陆北部。
最佳观鸟时间及地区	冬季：北京周边的水库等地。

头显裸露

赵超·摄

栖息地：高海拔的山区。　　全长：1200mm

识别要点	大型猛禽。羽色以土黄色为主。头颈部略被白色绒毛，显得较秃，领羽松弛、皮黄色；肩、背、翅上覆羽土黄色，飞羽、尾羽黑褐色；下体浅土黄色，具污白色纵纹。嘴和脚肉灰色。
生态特征	通常在高空翱翔盘旋，寻找地面动物尸体。多集小群活动，食物以腐肉为主，特别是一些大型哺乳动物的尸体，常会吸引来数只高山兀鹫前来取食。在我国西藏地区，藏民实行天葬喂的就是这种猛禽。
分　　布	在我国分布于新疆西部、西藏、青海、四川西部、甘肃、云南等地。也见于中亚和喜马拉雅山脉其他地区。在各地均为留鸟。
最佳观鸟时间及地区	全年：西藏。

秃鹫（狗头雕，座山雕）

Cinereous Vulture; *Aegypius monachus*

全身褐黑色，翅宽大

沈越·摄

栖息地：山地、丘陵、荒野、林地等。	全长：1150mm

识别要点	大型猛禽，雌雄相似，全身褐黑色，翅宽大。头部有裸区，颈部有一圈灰白色绒羽。嘴铅灰色，脚肉色。
生态特征	多单独活动，偶尔也成小群。栖息于山地、丘陵、荒野、牧场等，善在高空翱翔寻找动物尸体。主要食大型动物尸体，也会袭击家畜和小型兽类等。
分　布	分布于我国大部分地区，为留鸟或候鸟，国外分布于非洲北部、欧洲南部、西亚、中亚、东亚等地区。
最佳观鸟时间及地区	冬季：北京门头沟区沿河城、房山区六渡。

短趾雕

Short-toed Snake Eagle; *Circaetus gallicus*

胸部褐色

腹部白色具褐色斑纹

沈越·摄

栖息地: 低山丘陵、山前台地及其稀疏林地开阔区域。 全长: 700mm

识别要点	中型偏大的猛禽, 雌雄相似, 头部、胸部褐色, 腹部白色具褐色斑纹。尾灰褐色具棕色花纹。嘴铅灰色, 脚灰色。
生态特征	多单独活动。栖息于低山丘陵、山前平原及其稀疏林地开阔区域, 喜食蛇类、蜥蜴、蛙等。捕食方式是在空中盘旋寻觅, 发现猎物降落捕捉。
分　　布	繁殖在我国新疆西北部, 迁徙经过内陆大部分地区。国外分布于欧亚大陆中纬度地区。
最佳观鸟时间及地区	夏季: 新疆西北部。

白色横带

沈越·摄

| 栖息地: 低地至较高海拔的山区林地。 | 全长: 500mm |

识别要点	中等体形的猛禽。头顶具黑白相间的短冠羽;上体灰褐色,下体褐色,腹部和两肋及臀具白色斑点;翅膀飞羽黑白相间,飞行时展开翅膀形成特征明显的条纹;尾羽白色,具两道宽阔的黑色横斑。嘴灰褐色,脚黄色。
生态特征	常盘旋于林地上空,边飞边叫,叫声尖厉响亮。也会站立在树枝上或电线杆上注视地面寻找猎物,不仅吃蛇类,还吃其他小动物。
分 布	国内见于长江以南大部分地区,为留鸟。国外见于印度和东南亚地区。
最佳观鸟时间及地区	全年:南方地区。

白腹鹞［泽鹞、白尾（Yǐ）巴根子］
Eastern Marsh Harrier; *Circus spilonotus*

深色纵纹

陈建中·摄

栖息地：开阔的湿地沼泽、芦苇地、农田。	全长：550mm，雄鸟稍小

识别要点	体形较大的鹞类。雄鸟头、胸部灰白色，满布深色纵纹；背部、肩、腰黑褐色，羽缘灰白色；尾上覆羽白色，尾羽银灰色；外侧初级飞羽（1～5枚）黑褐色，内侧其余初级飞羽、次级飞羽及覆羽灰色；下体胸以下白色。雌鸟上体偏褐色，多纵纹和横斑；尾羽棕色具深褐色横纹，尾上覆羽白色；下体白色具棕色纵纹。虹膜黄色；嘴铅灰色，嘴尖黑；脚黄色。
生态特征	似其他鹞类。
分　　布	国内在东北北部繁殖，华北、华中、华东地区主要为旅鸟，长江以南地区为冬候鸟。国外见于东北亚，越冬于东南亚。
最佳观鸟时间及地区	春、秋季：华北、华中等地；冬季：长江以南各地。

白尾鹞 [白尾（Yǐ）巴根子]　Hen Harrier; *Circus cyaneus*

尾上覆羽
白色

张永·摄

栖息地：沼泽、草地、农田等开阔生境。	全长：500mm　雄鸟稍小

识别要点	中型猛禽。翅膀和尾都很长且宽，使其看上去体形比实际要大一些。雄性成鸟前额灰白色，头、颈、上体和前胸蓝灰色，初级飞羽前几枚前半段为黑色，飞行时与灰白色的身体形成鲜明对比。尾上覆羽白色，中央尾羽蓝灰色，外侧尾羽白色，杂以灰色横斑。雌鸟上体暗褐色，下体黄褐色，杂以棕色纵纹，尾上覆羽白色。眼睛虹膜黄色，嘴基部蓝灰色，尖端黑色，脚黄色，爪黑。
生态特征	多在开阔地低飞活动，飞行时翅膀扇动较慢，滑翔时两翅略成"V"字形上举，喜在湿地芦苇丛上空低飞盘旋，低头寻找下面的猎物。主要捕食鼠类，也吃小鸟、大型昆虫等。繁殖期筑巢在草丛地面上。
分　布	在国内大部分地区都有分布，在东北和新疆北部多为夏候鸟，向南至长江流域以上地区多为旅鸟和冬候鸟，在长江以南多为冬候鸟。国外见于北美洲、欧亚大陆、非洲北部地区。
最佳观鸟时间及地区	春、秋季：大连老铁山、河北秦皇岛、北京野鸭湖、天津北大港、山东长岛。

087

雄鸟头黑色——

陈建中·摄

栖息地: 开阔沼泽、草地、农田、苇塘。	全长: 480mm, 雄鸟稍小 (雄)

识别要点	雄鸟黑白相间,头、胸、背黑色,腰和尾上覆羽白色,具灰色斑纹;尾羽灰色,具白端;翅外侧初级飞羽黑色,内侧飞羽银灰色,下体白色;雌鸟上体灰褐色,尾羽灰色,具褐色横斑,下体偏白,具褐色纵纹。虹膜金黄色,嘴青灰色,嘴尖黑,蜡膜黄色;脚黄色。
生态特征	常在开阔农田、沼泽地区低空飞行寻找猎物,捕食鼠类、蛇、蛙、蜥蜴等小动物,繁殖期在沼泽灌丛地面上营巢。
分　　布	国内在东北北部为夏候鸟,东北南部、华北、华中、华东大部分地区为旅鸟,在长江以南地区为冬候鸟。国外见于东北亚,越冬在东南亚地区。
最佳观鸟时间及地区	春、秋季:大连老铁山、河北秦皇岛、北京野鸭湖、天津北大港、山东长岛。

赤腹鹰（蜡鼻，黄鼻箍，鸽子鹰）
Chinese Goshawk; *Accipiter soloensis*

蜡膜橙色

胸和胁部
淡红褐色

沈越·摄

栖息地：山地森林和林缘地带。 全长：330mm

识别要点	小型猛禽，雄鸟头顶至背部蓝灰色，翅和尾灰褐色，额和喉乳白色，胸和胁部淡红褐色。雌鸟似雄鸟，体色较深，胸部棕色更浓。蜡膜橙色，嘴铅灰色。虹膜雄鸟深色、雌鸟黄色。
生态特征	喜在山地森林和林缘地带单独或成对活动。主要以鼠类、小型鸟类及昆虫为食。常静立于高树上，发现猎物迅速飞至地面捕捉。
分　布	国内在长江以南地区为留鸟，北京、山东也有繁殖；国外繁殖分布于东亚，越冬在东南亚地区。
最佳观鸟时间及地区	夏季：河南董寨、北京怀柔等地。

日本松雀鹰 [松子（雄），摆胸（雌）]

Japanese Sparrow Hawk; *Accipiter gularis*

胁、胸、腹
缀以棕红色
横斑

舒晓南·摄

栖息地：山区林地、丘陵地带、农田林缘、城市园林等都生境有栖息。

全长：雄鸟250mm，雌鸟300mm

识别要点	体形小巧。雄鸟自头顶至尾上覆羽都为黑灰色，后颈羽基部白色；脸部浅灰色；两翅飞羽暗褐色具褐色横斑；尾羽灰褐色，具4道宽阔的深色横斑；喉部中央具细纹，下体近白色，两胁、胸、腹部棕红色或缀以稠密的棕红色细横斑。雌鸟上体较雄鸟偏褐，喉部纵纹较粗，下体羽白色，具较密的暗褐色横斑。虹膜暗红色；嘴铅灰色，嘴端黑，蜡膜黄色；脚橘黄色。
生态特征	典型的林栖猛禽，在密林中穿梭飞行振翅快速，捕捉小鸟，动作十分敏捷灵巧。也捕捉鼠类、蜥蜴和大型昆虫等。繁殖期营巢于高大乔木顶端。
分　布	在我国华北北部和东北地区为夏候鸟，长江以北的东部地区多为旅鸟，长江以南大面积范围内为冬候鸟。国外繁殖于东北亚地区，在东南亚一带有越冬。
最佳观鸟时间及地区	春、秋季：大连老铁山、河北秦皇岛、北京西山、天津、山东长岛。

松雀鹰（松子鹰，雀贼，雀鹞）

Besra Sparrow Hawk; *Accipiter virgatus*

喉白色，喉中央有一条明显的黑色中央粗纹

沈越·摄

栖息地：山地茂密的针叶林、阔叶林及开阔的林缘地带。　全长：330mm

识别要点	小型猛禽，雄鸟上体黑灰色，喉白色，喉中央有一条明显的黑色中央粗纹，下体白色或灰白色并有褐色或红棕色斑，尾具4条暗色横斑。雌鸟个体较大，上体暗褐色，下体白色具暗褐色或红棕褐色斑。虹膜和脚为黄色，嘴基部铅蓝色，嘴端黑色。
生态特征	喜在密林中及林缘开阔地活动。单独或成对活动。主要以小鸟为食，也食蜥蜴、小型鼠及昆虫等。有时也袭击鹌鹑、鸠鸽等体型偏大的鸟类。
分　　布	国内分布于华南、西南、海南、台湾等地。国外分布于东亚、南亚、东南亚地区。
最佳观鸟时间及地区	全年：华南、西南等山地。

雀鹰 [细胸（雄），鹞子（雌）]

Eurasian Sparrow Hawk; *Accipiter nisus*

下体白色，满布
棕色细横纹

舒晓南·摄

栖息地：山区林地、丘陵、林缘、平原村落、果园、市区园林等有树生境。

全长：雄鸟320mm，雌鸟380mm

识别要点	雄鸟成鸟头顶至后颈部暗灰色，具白色眉纹，后颈羽基部白色，常显露在外；上体青灰色；尾羽长，灰褐色，具较宽的暗褐色横斑；两翅短而圆，青褐色密布深色横斑；脸颊显棕色；下体白色，满布棕色细横纹。雌鸟整体较雄鸟偏褐色。眼睛虹膜橙黄色；嘴铅灰色，嘴端黑色；脚趾细长，黄色，爪黑。
生态特征	多在林地及林缘上空飞行，狩猎时常先静立藏于树木枝杈间，寻觅猎物，发现猎物后飞出猛追，主要捕食各种小型鸟类、鼠类等。繁殖期在高大树木顶端筑巢。
分　布	几乎全国都有分布，在东北、华北、西北和西南部分地区为夏候鸟或留鸟，华北以南大片地区为冬候鸟。国外见于整个欧亚大陆和非洲的部分地区。
最佳观鸟时间及地区	春、秋季：大连老铁山、河北秦皇岛、北京西山、天津、山东长岛。

苍鹰 [鸡鹰（雄），大鹰（雌）]

Northern Goshawk; *Accipiter gentilis*

舒晓南·摄

栖息地：主要栖息于林地生境，较偏好栖息在针叶林、针阔混交林中，迁徙时山麓丘陵、平原村落附近林缘地带都可见到。

全长：雌鸟560mm，雄鸟500mm

识别要点	中型猛禽。雄鸟头顶暗灰，眼上具白色眉纹，贯眼纹宽阔呈黑色，向后延至脑后；上体和翅上都呈青灰色，飞羽灰褐色具深色横斑；尾羽灰褐色具宽阔的黑褐色横斑；下体白色，密布细的灰色横纹。雌鸟与雄鸟相似，但羽色较暗淡。虹膜橙黄色（幼鸟）至红色（成鸟）；嘴铅灰色，嘴端黑色，蜡膜黄绿色；脚黄色，爪黑。
生态特征	活动于林地中，飞行迅速，常做短距离飞行追击猎物，主要捕捉中型鸟类和小型兽类为食。繁殖期在高大树木顶端筑巢。
分　布	在我国东北和新疆北部地区繁殖，迁徙时经过东部大部分地区，在长江流域以南地区越冬。国外见于欧亚大陆、北美洲和非洲北部。
最佳观鸟时间及地区	春、秋季：大连老铁山、河北秦皇岛、北京西山、山东长岛。

灰脸鵟鹰（灰脸鹰）

Grey-faced Buzzard; *Butastur indicus*

脸颊和耳羽区灰色

具一条深色喉中线

沈越·摄

栖息地：山地阔叶林、针阔混交林、针叶林。 | 全长：420mm

识别要点	中型猛禽，嘴黑色，具一条深色喉中线。蜡膜和脚黄色。上体暗褐色，下体色浅，有深色纵条纹。脸颊和耳羽区灰色。尾羽灰褐色，有三条黑褐色横斑。雌鸟头顶褐色，白色眉纹较明显。
生态特征	喜在山地阔叶林、针阔混交林、针叶林活动。常在林地上空盘旋飞翔，主要捕食蛇、蛙、蜥蜴、鼠类、小鸟等。
分　布	国内繁殖主要分布于东北及环渤海地区，越冬在长江以南。国外繁殖分布在东亚北部，越冬在东亚南部及东南亚。
最佳观鸟时间及地区	夏季：东北各省山地及河北的山地。

普通鵟（Kuáng）（花豹）　Common Buzzard; *Buteo buteo*

赵超·摄

栖息地：草原、农田、山地、林缘地带，也见于城市上空。

全长：雌鸟540mm，雄鸟稍小

识别要点	中等偏大体形的猛禽。羽色多样，从通体黑褐色到非常淡的浅褐色个体都有，且有多种中间过渡色型的个体，通常以棕褐色居多。翅下初级飞羽基部具深色斑块，飞行时尤为明显。下体深色区域位于胸部，脚部无被羽。
生态特征	善于在空中翱翔，较少扇翅飞行，起飞不久即可展翅借住热气流盘旋上升，翱翔时尾羽多打开呈扇形。喜捕食鼠类，也吃小鸟、大型昆虫和其他小动物。停落时常站在较高的树枝上或电线杆等突出处，偶尔也停落在地面上。繁殖期筑巢于树顶或悬崖之上。
分　布	全国范围都有分布，在我国东北地区繁殖，其他大部分地区为旅鸟或冬候鸟。在世界范围内广泛分布于欧亚大陆和非洲北部。
最佳观鸟时间及地区	秋、冬、春季：全国。

095

棕尾鵟（Kuáng）（大豹，长腿鵟）
Long-legged Hawk; *Buteo rufinus*

尾羽棕色

沈越·摄

栖息地：荒漠、半荒漠地带。　　　　　　　　　全长：620mm

识别要点	中大型猛禽，雌雄相似。与其他鵟的羽色相似，既有浅色型，也有棕色型和深色型。翅窗不明显，尾羽棕色。蜡膜和脚黄色，嘴黑色或灰褐色，嘴尖黑。
生态特征	喜活动于干旱的荒漠、半荒漠地带及无树的平原。冬季也到平原的农田。主要以野兔、鼠类、雉鸡、蛙、蛇等为食，也吃死鱼和其他动物尸体。
分　布	国内分布在新疆、青海、甘肃、西藏等地。国外分布于非洲北部、欧洲东南部和亚洲西部。
最佳观鸟时间及地区	夏季：新疆天山等地。

大鵟（大花豹）   Upland Buzzard; *Buteo hemilasius*

栖息地：多栖息于草原地区的山地生境中，喜开阔环境。迁徙和越冬期也常见于农田上空、村落附近。

全长：雌鸟700mm，雄鸟600mm

识别要点	与普通鵟相似，但体形要大很多，头与身子的比例显得较小，翅显得更长，翅上初级飞羽基部具大的白色斑块；下体深色区域通常位于腿部位置，且在腹前不相连，一些个体在脚部被毛。
生态特征	常见在空中展翅翱翔，或立于高树枯枝或电线杆等突出物上，有时也会蹲在地面较高的土丘上，寻觅猎物，一旦发现目标便俯冲而下追击。主要捕食鼠类，也吃鸟类、野兔、蟾蜍、蛇、大型昆虫等。繁殖期在哨壁高处筑巢。
分　布	在我国东北、华北北部、青藏高原多为夏候鸟或留鸟；在华北至长江流域以北大部分地区和西南部分地区为冬候鸟；在华南地区为较罕见的冬候鸟。国外见于亚洲中部、东抵西伯利亚东部的广大地区。
最佳观鸟时间及地区	秋、冬、春季：北方大部分地区、西藏、青海。

毛脚鵟（云头花豹）

Rough-legged Buzzard; *Buteo lagopus*

具宽阔的深色次端斑带

舒晓南·摄

栖息地：多见于较为开阔的生境，如草原、丘陵、农田、沼泽湿地等。

全长：雌鸟550mm，雄鸟稍小

识别要点	比普通鵟稍大，羽色偏白而缀有黑褐色斑纹，对比十分明显。头部多为白色，上体暗褐色与白色相间，尾上覆羽常具白色横斑纹，尾羽白色，具宽阔的深色次端斑带，向内还有几道较窄的斑纹，这一特征为毛脚鵟较为典型的辨认特征，飞行时从下方也可以清晰看到；下体在胸部有深色横带，类似普通鵟；腿、脚密布白色羽毛，并缀有褐色斑点。
生态特征	与其他鵟类相比，毛脚鵟翅膀较长，飞行的姿态有些像大型鹞类。常在开阔地上空盘旋飞行，还会在空中振翅悬停，低头寻找猎物。主要捕食各种鼠类，也吃小鸟和大型昆虫等。
分　　布	在我国大部分地区都可见，但数量不多，以东部地区相对较为多见，多为旅鸟或冬候鸟。国外分布于北美洲、欧亚大陆北部。
最佳观鸟时间及地区	春、秋、冬季：东部地区。

林雕（树雕） Black Eagle; *Ictinaetus malayensis*

通体黑褐色或黑色

沈越·摄

栖息地：中低山阔叶林、混交林地带。 　　全长：750mm

识别要点	大型猛禽，通体黑褐色或黑色，蜡膜黄色，嘴黄色，跗跖被羽，脚黄色，爪黑色。
生态特征	喜在中低山阔叶林、混交林活动。是高度适应森林环境的猛禽，飞行技巧高超，可在高空盘旋，可在林间灵活飞行。主要以雉鸡、小型哺乳动物、蛇、蜥蜴、蛙、小鸟及鸟卵为食，也食大型昆虫。
分　布	国内分布于西南、华南、东南等地区。国外分布于南亚、东南亚、东亚等地区。
最佳观鸟时间及地区	全年：海南、台湾等地。

草原雕（草原鹰，大花雕，角鹰）
Steppe Eagle; *Aquila nipalensis*

通体土褐色

沈越·摄

栖息地：开阔平原、草原、荒漠及丘陵地带的荒原草地。　全长：800mm

识别要点	大型猛禽，通体土褐色，尾黑褐色，尾上覆羽棕白色，嘴黑褐色、蜡膜暗黄色，趾黄色，爪黑色。亚成鸟翅上有两道明显的浅色横带。
生态特征	喜在开阔平坦的草原、低山丘陵的荒原草地活动。也常栖息于电线杆上、树上或地面上。 主要捕食黄鼠、跳鼠、沙土鼠、鼠兔、野兔等，也食蛇、蜥蜴和鸟类。
分　布	国内主要繁殖分布于西北、东北北部地区，越冬在西南及华南地区。国外繁殖于从欧洲东部到亚洲东部的中高纬度地区，越冬在非洲和亚洲南部地区。
最佳观鸟时间及地区	夏季：内蒙古达里诺尔湖等地。

| 白肩雕 | Imperial Eagle; *Aquila heliaca* |

肩部有白斑

沈越·摄

栖息地：2000m以下的山地阔叶林、针阔混交林。　　　全长：800mm

识别要点	大型猛禽，雌雄相似，体羽黑褐色，头和颈部色较浅，肩部有白斑。
生态特征	喜在2000m以下的山地阔叶林、针阔混交林活动。冬季可到低山丘陵或平原森林地区。常单独活动，善于翱翔于高空，有时长时间停栖于岩石或孤立的大树上。主要捕食啮齿类、野兔、雉鸡、斑鸠和其他中小型鸟类，也食一些动物尸体。
分　　布	国内繁殖分布于西北和东北西部地区，越冬于青藏高原东部、西南和华南地区，包括台湾。国外繁殖分布于欧亚大陆北部，越冬在东北非洲和印度等地区。
最佳观鸟时间及地区	夏季：新疆天山等地。

101

头顶、后颈
金黄色

赵超·摄

栖息地：山区、丘陵地带较为开阔的林地、林缘、荒坡，高山草原。

全长：850mm，雄鸟稍小

识别要点	大型猛禽，成鸟通体深褐色，枕部和后颈羽毛呈矛状，金黄色。亚成鸟尾羽基部和初级飞羽基部白色，飞行时尤为明显。虹膜褐色；嘴黑褐色，基部青灰色；脚黄色。
生态特征	活动于山区、丘陵地带，常展翅在空中翱翔，搜索地面猎物，飞行快速。捕食大中型鸟类、小型兽类等。繁殖期在悬崖峭壁上筑巢。
分　　布	国内东北、华北、华中、西北、青藏高原、西南山区都有分布，为留鸟。国外见于北美洲、欧洲、北非、亚洲中北部。
最佳观鸟时间及地区	全年：大部分地区。

鹰雕 (熊鹰，赫氏角鹰)
Moutain Hawk-Eagle; *Spizaetus nipalensis*

头顶及羽冠黑色
（此角度被遮挡）

喉部有一条明显
的暗色中央纵纹

朱雷·摄

栖息地：山地不同海拔的森林地带。		全长：700mm

识别要点	偏大型猛禽，雌雄相似，头顶及羽冠黑色，上体褐色，喉部白色，具明显的暗色中央纵纹。胸部白色具深色细纵纹，下体具深色粗纵纹。虹膜黄色，脚铅灰色。
生态特征	喜在山地阔叶林、混交林活动。常单独活动，喜捕食雉鸡类陆禽，也捕食鼠类及大型昆虫。
分　布	国内分布于东北、华北及南方大部地区，包括海南和台湾地区。国外分布于东亚、南亚、东南亚等地区。
最佳观鸟时间及地区	全年：海南岛、台湾等地。

隼科 Falconidae

白腿小隼　　　Pied Falconet; *Microhierax melanoleucus*

头部和整个上体为蓝黑色

眉纹和整个下体白色

腿白色

沈越·摄

栖息地：2000m以下的落叶林及其河谷开阔地带。　全长：190mm

识别要点	小型猛禽，雌雄相似，头部和整个上体为蓝黑色，眉纹和整个下体白色。腿白色，嘴和脚黑色。
生态特征	常单独或成小群活动。栖息于中、低海拔的落叶林地。喜食昆虫、小鸟及鼠类。
分　布	在我国分布于除台湾和海南的南方地区。国外见于印度、老挝和越南。
最佳观鸟时间及地区	全年；江西婺源。

黄爪隼（黄脚鹰） Lesser Kestrel; *Falco naumanni*

脚黄色且爪黄色

沈越·摄

栖息地：开阔的荒山旷野、荒漠、草地等区域。 | 全长：320mm

识别要点	小型猛禽，嘴铅灰色，脚黄色且爪黄色。雄鸟头和翅上覆羽淡灰蓝色，背部砖红色，尾灰蓝色，尾上有宽的黑色次端斑和窄的白色端斑。下体皮黄色，有褐色斑纹。雌鸟头、背、翅、尾部没有灰蓝色而是灰褐色，其余上体为砖红色，下体皮黄色，有浓重的深褐色斑纹。
生态特征	多单独或成对活动。栖息于开阔的荒山旷野、荒漠、草地、农田及林缘地带。喜食鼠类，也食小鸟、蜥蜴、昆虫等。
分　布	繁殖在我国西北、东北，在西南地区越冬。国外繁殖、分布于欧亚大陆中纬度地区，越冬在非洲南部和亚洲南部地区。
最佳观鸟时间及地区	夏季：新疆西北部。

105

红隼（Sǔn）（黄箭子，剎子）

Common Kestrel; *Falco tinnunculus*

密布黑色横斑

陈建中·摄

栖息地：较开阔的农田、草地、半荒漠地区，村落附近、城市中也可见到。

全长：雌鸟330mm，雄鸟稍小（雌）

识别要点	雄鸟头颈部蓝灰色，上体红褐色而具黑色横斑，尾羽较其他隼类显得长，青灰色具黑色次端斑；下体皮黄色具黑色纵纹。雌鸟上体褐色，密布黑褐色横斑，下体棕黄具褐色纵纹。虹膜褐色；嘴灰色，嘴端黑，蜡膜黄色；脚黄色。
生态特征	飞行时常在空中定点悬停，低头寻找猎物，主要捕食鼠类，也吃小鸟、大型昆虫、蜥蜴、小蛇等。不甚畏人，在村落周围、市区也可以见到，甚至会在高楼顶上筑巢繁殖。繁殖期一般都是利用喜鹊、乌鸦等的旧巢。
分　　布	全国都有分布，在东北、新疆北部多为夏候鸟，在其他地区为留鸟或旅鸟。国外见于欧亚大陆北部、印度、东南亚、非洲。
最佳观鸟时间及地区	春、秋季：大连老铁山、河北秦皇岛、北京野鸭湖、天津北大港、山东长岛；全年：全国大部。

红脚隼（青箭子，蚂蚱鹰）
Eastern Red-footed Falcon; *Falco amurensis*

脚红色

陈建中·摄

栖息地: 开阔的草原、半荒漠地区、农田、低山丘陵。

全长: 雌鸟290mm, 雄鸟稍小(雌)

识别要点	小型猛禽。具隼科特征：上嘴具齿突，翅呈尖形。雄鸟头、颈、背部暗灰色，腰至尾羽青灰色；翅飞羽表面大部青灰色，羽端黑褐色，翅下覆羽白色，飞行时非常明显；下体上腹部青灰色，腿羽、肛周至尾下覆羽棕红色。雌鸟上体青褐色且具黑色细纵纹和横斑，下体皮黄色具黑褐色横斑。嘴灰色，蜡膜红色；脚红色，爪淡黄色。
生态特征	单独或成对活动，秋季迁徙时常以家族群活动。在较为开阔的草场、荒漠地区捕捉大型昆虫、小鸟等，飞行振翅迅速，偶尔也会在空中振翅悬停。停歇时喜落在较高的树枝上或电线上等突出处，边低头寻找猎物。繁殖期常占用喜鹊等鸟的旧巢，稍加修饰便利用。
分　　布	国内在东北、华北地区为夏候鸟和旅鸟，华北以南地区为旅鸟。国外见于西伯利亚、印度、缅甸、非洲。
最佳观鸟时间及地区	夏季：内蒙古、东北；春、秋季：除新疆西藏外大部分地区。

燕隼（鬼脸剁子） Hobby; *Falco subbuteo*

具髭纹和眼后有黑色竖纹

陈建中·摄

| 栖息地：平原和低山区的开阔地、林缘、村落附近。 | 全长：雌鸟310mm，雄鸟稍小 |

识别要点	体形较为细瘦，翅长，合拢时达到或超过尾尖。头部黑褐色，髭纹粗，眼后耳区也有一条黑色竖纹；上体暗褐色，尾羽褐色，具深色横斑。下体颏喉部白色，胸腹棕白色具黑褐色纵纹，肛周、尾下覆羽锈红色。雌鸟似雄鸟，个体稍大，羽色较暗淡。
生态特征	单独或成对活动，在开阔旷野、农田或草场、林缘附近活动，飞行快速，常在空中捕捉飞行的昆虫，也捕食飞鸟、蝙蝠等。繁殖期常占用喜鹊、乌鸦等的旧巢。
分　布	国内大部分地区都有分布，大部分为夏候鸟和旅鸟，在华南沿海地区为留鸟。国外见于欧亚大陆北部、非洲、缅甸等地。
最佳观鸟时间及地区	春、秋季：大连老铁山、河北秦皇岛、北京西山、山东长岛。

108

猎隼 [棒子（雄），兔虎（雌）]　Saker Falcon; *Falco cherrug*

赵超 / 摄

栖息地：山区开阔地区、河谷、荒漠灌丛、丘陵，迁徙时也经过平原地区、城市上空。

全长：雌鸟550mm，雄鸟稍小

识别要点	大形隼，体形粗壮，雌雄相似。成鸟上体灰褐色，羽缘浅灰，具浅褐色斑纹和深色羽干纹；头部色较淡，髭纹较窄，额、眉纹污白色；下体污白色，具褐色滴状或矢状斑。嘴灰蓝色，尖端近黑；脚黄色。
生态特征	单独或成对活动，飞行迅速有力，在开阔地追捕小鸟、鼠类等为食。繁殖期在山区崖壁上、石缝间营巢。
分　　布	国内在新疆、青海、西藏、四川、甘肃、内蒙古为夏候鸟和旅鸟；在东北南部和华北地区为旅鸟和冬候鸟。国外见于中欧、北非、印度北部、中亚、蒙古。
最佳观鸟时间及地区	秋、冬、春季：东部地区；春、夏、秋季：西藏、青海、甘肃。

109

游隼 [鸽虎（雄），鸭虎（雌）] Peregrine Falcon; *Falco peregrinus*

黑色髭纹

舒晓南·摄

栖息地：开阔沼泽、海岸、内地河湖湿地附近。	全长：雌鸟450mm，雄鸟稍小

识别要点	体形较大且粗壮的隼类。雄鸟头顶、脸颊近黑色，黑色髭纹明显；上体肩背灰蓝色，具黑褐色羽干纹和暗黑色横斑，尾羽蓝灰色，具黑褐色横斑；翅飞羽黑褐色，内缘杂有灰白色横斑，羽端色淡；下体喉胸部浅粉棕色，缀有黑色点斑和横纹，腹部以下污白色，具黑色横纹。雌鸟似雄鸟，体形稍大。嘴铅灰色，蜡膜黄；脚黄色。
生态特征	常成对活动，飞行十分迅速，俯冲速度为鸟类中最快的。一般都在空中追击捕捉其他鸟类，包括野鸭、鸻鹬类、鸽子等，偶尔也吃鼠类。繁殖期在悬崖峭壁上营巢。
分　布	除青海西藏外几乎遍及全国，北方多为旅鸟和夏候鸟，长江以南地区为冬候鸟和留鸟。国外见于各大洲。
最佳观鸟时间及地区	春、秋季：大连老铁山、河北秦皇岛、北京西山、天津北大连、山东长岛。

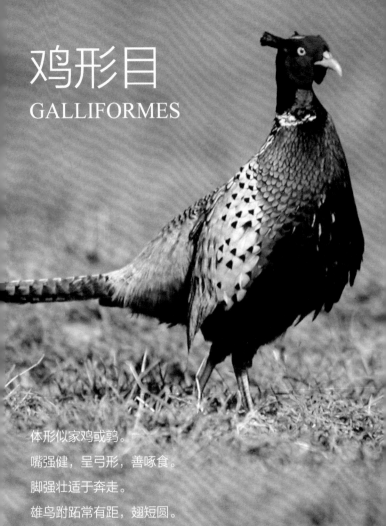

鸡形目
GALLIFORMES

体形似家鸡或鹑。

嘴强健，呈弓形，善啄食。

脚强壮适于奔走。

雄鸟跗跖常有距，翅短圆。

雌雄大都异色，雄性羽色多华丽。

巢多在地面，雏鸟早成。

111

雉科 Phasianidae

黄喉雉鹑（四川雉鹑）

Buff-throated Partridge; *Tetraophasis szechenyii*

颏、喉部和前颈为皮黄色

栖息地：高山灌丛、林线以上苔原地带。　　全长：雄鸟490mm，雌鸟450mm

识别要点	大型鹑类，雌雄相似。体色棕褐，头及胸灰色，眼周有红色裸皮，颏、喉部和前颈为皮黄色。两胁和腹部有棕黄色条纹或斑块。
生态特征	繁殖期栖息于海拔3500～4500m的针叶林、高山灌丛和林线以上岩石苔原地带，成对或单只活动，冬季下至海拔3500m以下的混交林及林缘地带，非繁殖期多成小群在林间地面上活动，夜间在树枝上栖息。善于在地面行走和奔跑，不善飞翔，受惊扰时会突然起飞。
分　布	为我国特有种，仅分布于我国四川西部康定至巴塘，青海玉树，西藏芒康、江达、类乌齐、米林、林芝，云南德钦、丽江、中甸等地。
最佳观鸟时间及地区	全年：四川西部康定至巴塘，青海玉树以南至西藏芒康、江达、林芝，云南德钦、丽江等地。

石鸡（石鸡子，嘎嘎鸡） Chukar Partridge; *Alectoris chukar*

黑色环带

张永 摄

栖息地：山区丘陵地带，也会到山下低地如耕地附近活动。 全长：280mm

识别要点	中等体形。上体灰褐色偏粉，脸部黑色贯眼纹向后延长至头侧和下喉部，形成黑色环，与白色的脸部和喉部对比鲜明；下体棕黄色，两胁具数条并列的黑色和栗色并列的横斑和白色条纹。嘴和脚红色。
生态特征	常成对或结小群活动。取食植物种子、嫩芽、果实和昆虫等。在晨昏，雄鸟喜站在岩石坡上"嘎拉、嘎拉"鸣叫。繁殖期筑巢于地面凹坑处。
分　布	广泛分布于我国北方地区。国外见于欧洲南部向东至亚洲中部大部分地区。
最佳观鸟时间及地区	全年：西北至华北地区。

113

斑翅山鹑（半翅） Daurian Partridge; *Perdix dauuricae*

栖息地：山麓开阔平原的低矮灌丛、草丛。农田中也可见到。　全长：280mm

识别要点	体形中等偏小的鹑类。雄鸟头顶和枕部暗褐色，后颈和颈侧蓝灰色，缀有黑色点斑；上体沙褐色，杂有栗色斑纹；尾羽棕白具黑褐色细斑纹；翅上覆羽棕褐色缀有白色羽干纹；额部、眉纹、颊部、喉部、前颈和上胸部均肉桂色，喉部羽毛呈尖长须状；腹中央具马蹄状黑色斑块，两胁具宽阔的栗色横斑，下体余部棕白色。雌鸟似雄鸟，但较暗淡，下体黑色斑块较小或仅存痕迹。嘴铅灰色，脚灰黄色。
生态特征	通常结群活动，在山地间开阔的低矮灌丛草丛觅食植物种子、嫩芽，也吃昆虫，繁殖期营巢在矮灌丛的地面上。
分　布	国内见于新疆北部、青海、甘肃、内蒙古、陕西、宁夏、陕西、河北和东北地区，为留鸟。国外见于中亚至西伯利亚、蒙古。
最佳观鸟时间及地区	全年：北方大部。

鹌鹑 [秃尾（Yǐ）巴鹌鹑]　Japanese Quail; *Coturnix japonica*

脸侧和喉部红褐色

栖息地：开阔草地、农田、杂草丛等。　全长：180mm

识别要点	小型雉类。体形短圆，雄鸟上体自上背至尾上覆羽呈淡栗褐色，杂以黑褐色横斑，各羽具黄白色羽干纹，尾羽黑褐色，具黄白色羽干纹和羽缘；脸侧和喉部红褐色；胸部浅栗色缀有白色羽干纹，下体灰白色。嘴褐色，脚淡黄色。
生态特征	常在矮草地、农田中觅食活动。行动隐秘，常常人走至跟前才突然惊飞，但不高飞，飞行一小段距离后就落下快速钻入草丛中躲藏。雄鸟在繁殖期好斗，营巢在草地凹坑处。
分　布	在我国除新疆西藏等西部地区外大部分地区常见。在东北和华北地区繁殖或少量冬候，南方地区为冬候鸟。国外见于亚洲东部及东南亚地区。
最佳观鸟时间及地区	春、秋季：华北、东北；秋、冬、春季：华北以南大部。

台湾山鹧鸪（深山竹鸡，红脚竹鸡）
Taiwan Hill Partridge; *Arborophila crudigularis*

额和喉部为皮黄色或黄白色延伸到耳羽处

眼周黑色

背、腰、尾橄榄褐色

下体灰色，两胁有显著白色细纵纹

沈越·摄

栖息地：海拔2500m以下的原始阔叶林。	全长：220~240mm

识别要点	小型鹑类，雌雄相似。背、腰、尾橄榄褐色，下体灰色，两胁有显著白色细纵纹。眼周黑色，额和喉部为皮黄色或黄白色，延伸到耳羽处，上颈部的半颈环带为皮黄色夹杂黑色。喙近黑色，脚红色。
生态特征	3～6月繁殖，营巢于阔叶林靠近树基部地面，每窝产卵6～8枚，孵化期24天。多成对或2～3只小群活动，喜在林下灌丛或草地觅食，喜食植物种子、浆果、嫩芽、嫩枝等，也吃蚯蚓、昆虫等。夜间栖息于树枝上。喜在清晨或黄昏的固定时段高声鸣叫，当地人称其为"时钟鸟"。善于在地面行走，不善飞翔。
分　　布	为我国特有种，仅分布于我国台湾地区。
最佳观鸟时间及地区	全年：台湾中低海拔山区（宜兰、台东、花莲）等地。

灰胸竹鸡 [竹鹧 (Zhè) 鸪，泥滑滑，山菌子]

Chinese Bamboo Partridge; *Bambusicola thoracica*

灰胸

月牙形斑

王吉衣·摄

栖息地：低地至低海拔山区、丘陵间的树林、灌丛、竹林。　　　全长：330mm

识别要点	中等体形的鹑类，雌雄相似。额、眉纹和颈侧蓝灰色，脸部和上胸棕红色；头顶、枕部至背部灰褐色，上背具月牙形的较大斑块，腰和尾上覆羽橄榄灰色，密布细横纹，尾羽褐色，具深色横斑；下体胸腹皮黄色，具褐色月牙形斑。嘴和脚铅灰色。
生态特征	常以家族群活动，不善飞行，主要在地面行走活动觅食，受惊吓有时会突然飞行一小段距离，然后钻入灌丛树林躲避。繁殖期在地面营巢。
分　　布	国内在华中、华南、华东地区都有分布，为留鸟。国外见于日本，为我国引种过去的品种。
最佳观鸟时间及地区	全年：南方各地。

雄鸟体羽主要为乌灰色，细长呈披针形

眼周有红色裸皮

尤越·摄

| 栖息地：雪线附近的高山针叶林、混交林及杜鹃灌丛。 | 全长：370~470mm |

识别要点	中型鸡类，雄鸟体羽主要为乌灰色，细长呈披针形，胸腹部灰绿色(有的亚种具较多红色)，眼周有红色裸皮，嘴基与脚红色。尾下覆羽红色。雌鸟暗褐，胸部皮黄色。
生态特征	繁殖期栖息于海拔3500～4500m的针叶林、混交林及高山灌丛地带，成对活动，冬季下至海拔2000～3000m以下地带活动，非繁殖期喜集群，多呈几只至几十只群体，林下地面觅食，在岩石上或林荫处休息。夜间在树枝上栖息。善于在地面行走和奔跑，受惊扰时一般不起飞，而是迅速奔跑或钻入林下灌草丛。
分　　布	国内分布于祁连山脉、秦岭中西部、青藏高原东缘、横断山脉及喜马拉雅山脉等地。国外分布于尼泊尔、印度锡金、缅甸西北部。
最佳观鸟时间及地区	全年：甘肃祁连山、四川北部及西部、陕西秦岭等地。

勺鸡（角鸡，柳叶鸡）　Koklass Pheasant; *Pucrasia macrolopha*

上体羽毛多呈披针形（柳叶状）

具棕褐色和黑色长形羽冠

沈越·摄

栖息地：山地阔叶林、针阔混交林、针叶林。	全长：400～630mm

识别要点	中型鸡类，雄鸟头呈金属暗绿色，具棕褐色和黑色长形羽冠，颈侧各有一白斑；上体羽毛多呈披针形，灰色具黑色纵纹；尾楔形。雌鸟体羽棕褐色，羽冠较雄鸟短，下体淡栗黄色，具棕白色羽干纹。
生态特征	喜在湿润的、林下植被发达、地势起伏不平又多岩的1000～4000m混交林，以及山地针叶林、混交林活动。繁殖期栖息于阔叶林、针叶林、混交林及灌丛地带，成对活动。主要食植物的嫩芽、嫩叶、花、果实、种子及少量昆虫、蜘蛛、蜗牛等。夜间在树枝上栖息。
分　布	国内分布于西藏南部、云南西部、贵州、四川、甘肃、浙江、福建和广东北部、河北、北京、辽宁西南部等；国外分布于尼泊尔、印度、巴基斯坦、阿富汗等。
最佳观鸟时间及地区	全年；山西庞泉沟、北京西北部山地、浙江南部及福建武夷山等地。

原鸡（茶花鸟，烛夜，红原鸡，茶花一朵）

Red Junglefowl; *Gallus gallus*

中央尾羽
长且下弯

颈部羽毛披散
具金属光泽

赵超·摄

栖息地：热带常绿灌丛、次生林、山地雨林。	全长：雄鸟700mm，雌鸟430mm

识别要点	似家鸡略小，为家鸡的祖先。冠、脸部、肉垂红色；颈部、尾上覆羽和初级飞羽铜黄色；上背栗褐色；尾羽、翼上覆羽黑绿色，周身羽毛闪金属光泽。雌鸟黄褐色，各羽具深色纵纹。嘴和脚铅灰色。
生态特征	单独或结小群活动，常在地面用双脚刨食，取食植物种子、嫩芽、果实、昆虫、无脊椎动物等。飞行能力较强。繁殖期在地面营巢。
分　　布	国内见于云南、广西、广东南部、海南等地，为留鸟。国外见于印度次大陆和东南亚地区。
最佳观鸟时间及地区	全年：云南西双版纳、海南霸王岭、尖峰岭、吊罗山。

白鹇（银鸡）　　　Silver Pheasant; *Lophura nycthemera*

发丝状蓝黑色羽冠

脸部裸露
呈赤红色

尾长，为白色

沈越·摄

栖息地：亚热带常绿阔叶林。　全长：雄鸟990～1135mm，雌鸟650～709mm

识别要点	大型鸡类，雄鸟上体白色，密布黑纹，头上具长而厚密的发丝状蓝黑色羽冠。脸部裸露呈赤红色，尾长为白色，两翅白色，下体蓝黑色，脚红色。雌鸟通体橄榄褐色，羽冠近似黑色，脸部裸区与脚均为红色。
生态特征	主要栖息于2000m以下的亚热带常绿阔叶林中。成对或3～6只小群活动。冬季集群可达16～17只大群。性机警怕人。夜间在树枝上栖息。繁殖期4～5月份，一雄多雌制。善于在地面行走和奔跑，受惊扰时一般不起飞，而是迅速奔跑或钻入林下灌草丛。
分　　布	国内分布于浙江、福建、安徽、江西、湖南、四川、贵州、云南、广西、广东、海南等南方各地。国外分布于中南半岛等地。
最佳观鸟时间及地区	全年：广东鼎湖山自然保护区、福建武夷山自然保护区等地。

蓝腹鹇（蓝鹇，山鸡）　Swinhoe's Pheasant; *Lophura swinhoii*

雄鸟羽冠、上背、中央尾羽白色

雄鸟体羽为富有光泽的深黑蓝色

沈越·摄

栖息地：台湾2700m以下的山地森林。　全长：雄鸟790mm，雌鸟505mm

识别要点	大型鸡类，雄鸟体羽为富有光泽的深黑蓝色，脸部及肉垂、额部肉冠鲜红色，羽冠、上背、中央尾羽白色，肩红褐色，脚红色；雌鸟体羽红褐色，具土黄色"V"字形斑和黑色虫蠹状斑，脸部及脚红色。
生态特征	栖息于台湾海拔2700m以下的山地阔叶森林。常单独活动，晚上多栖息于树上。主要以植物的嫩芽、花、茎、浆果、果食、种子为食，也吃蚯蚓、蚂蚁、蝗虫、石龙子、蛙等。2～7月繁殖，一雌一雄制。
分　　布	为我国特有种，仅分布于台湾地区。
最佳观鸟时间及地区	全年：台湾玉山、太鲁阁、雪霸等地。

藏马鸡（哈曼马鸡）　Tibetan Eared Pheasant; *Crossoptilon harmani*

上体蓝灰色较深

张永·摄

| 栖息地：海拔3000~5000米的针叶林地、高山灌丛和草甸生境。 | 全长：850mm |

识别要点	大型鸡类。周身蓝灰色为主，头顶黑色，眼周裸区红色，具白色耳羽簇，与白色喉部相连。上体蓝灰色较深，尾羽蓝黑色，长而向下弯曲，呈丝状，尾上覆羽浅灰色。下体胸部以下色淡。嘴橘黄色，脚红色。
生态特征	常结小群活动，觅食植物种子和昆虫等，叫声响亮。
分　布	中国特有种。西藏东南部、印度东北部，为留鸟。
最佳观鸟时间及地区	全年：西藏曲水县雄色寺。

褐马鸡（马鸡）

Brown Eared Pheasant; *Crossoptilon mantchuricum*

尾羽羽枝大都分散下垂　　　　　耳羽簇白色

体羽主要为浓褐色

沈越·摄

栖息地：海拔2500m以下的中低山丘陵地带。	全长：830～1100mm

识别要点	大型鸡类，雌雄相似，体羽主要为浓褐色，头和颈辉黑色，脸部裸露，赤红色，额、颊、耳羽簇白色。尾羽基部白色，尾羽翘起，羽枝大都分散下垂。嘴粉红色，脚珊瑚红色。
生态特征	繁殖期多栖息于次生针阔混交林或针叶林，成对活动。冬季则迁到海拔较低的阔叶疏林或林缘灌丛及空地，冬季集群可达30余只。食物多以植物的嫩茎、幼芽、花蕾、浆果、种子为食，也吃少量昆虫等动物性食物。夜间在松树或桦树枝上栖息。善于在地面行走和奔跑，受惊扰时一般不起飞，而是迅速朝山上奔跑或钻入林下灌草丛。
分　　布	为我国特有种，仅分布于北京西部、山西西部、河北西北部、陕西东部。
最佳观鸟时间及地区	全年：北京小龙门、河北小五台山、山西庞泉沟等地。

124

黑长尾雉（帝雉）

Reed Bunting; *Emberiza schoeniclus*

脸鲜红色

雄鸟通体紫蓝色

沈越·摄

栖息地：原始阔叶林、针阔混交林及针叶林。

全长：雄鸟860~895mm，雌鸟528mm

识别要点	大型鸡类，雄鸟通体紫蓝色，脸鲜红色，翅上有一条白色翅斑，尾甚长，黑色具显著白色横斑，脚绿褐色。雌鸟通体橄榄褐色，脸红色，脚褐色。
生态特征	栖息于海拔1700～3800m的原始阔叶林、针阔混交林和针叶林中，常单独活动，杂食性，喜食植物的叶、根、茎、花、果实和种子，也食蚯蚓、蚂蚁及其他昆虫。繁殖期成对活动，营巢于林下草丛中，极为隐蔽。
分　　布	为我国特有种，仅分布于台湾地区。
最佳观鸟时间及地区	全年：台湾玉山等地。

白冠长尾雉（花鸡，翅鸡，紫鸡）

Reeves's Pheasant; *Syrmaticus reevesii*

雄鸟头顶和颈白色

上体大都金黄色

尾特长

沈越·摄

栖息地：地形复杂的中低海拔阔叶林或混交林。

全长：雄鸟1408～1967mm，雌鸟558～695mm

识别要点	大型鸡类，雄鸟头顶和颈白色，上体大都金黄色，下体深栗色而杂以白色，尾特长，棕色尾羽上具灰白、黑栗二色的横斑。雌鸟上体大都黄褐色，背部具黑色和大形矢状白色斑，下体浅栗棕色，尾较短且有不显著的黄褐色横斑。
生态特征	栖息于海拔400～1500m的山地森林中，喜欢地形复杂、地势陡峭、多沟谷的茂密山地阔叶林或混交林。繁殖期为3～6月，多为一雌一雄制。杂食性，以植物为主，兼食昆虫、蜗牛等动物性食物。
分　布	为我国特有种，分布于河南南部、陕西南部、甘肃东南部、云南东北部、四川、重庆、湖南西部、安徽西部。
最佳观鸟时间及地区	全年：河南董寨、贵州遵义、陕西秦岭等地。

环颈雉（野鸡，山鸡）

Ring-necked Pheasant; *Phasianus colchicus*

白色环带 ——

陈建中·摄

栖息地：山区林地、丘陵、农田、沼泽草丛、半荒漠地区。

全长：雄鸟800mm，雌鸟600mm

识别要点	雄鸟羽色艳丽，头部黑色闪蓝绿色金属光泽，眼周裸皮鲜红色；颈部具一白色环带，上体大部分黑褐色具白色纵纹和黄色羽缘，肩部的羽毛呈浅灰色，下背和腰部蓝灰色，缀有深浅相间的横斑纹，尾上覆羽灰绿色；尾羽长，灰黄色具黑色横斑；下体褐色缀有黑色点斑。嘴、脚灰色。雌鸟周身黄褐色满布有深色斑点。
生态特征	单独或结小群活动。取食植物种子、嫩芽、块茎，昆虫等，常用脚扒地寻找藏在下面的食物。奔走能力强，不善飞行，只有在突遇危险时才快速起飞，然后飞至不远处落下。繁殖期雄鸟叫声响亮，并伴有急速的振翅声。筑巢于地面上。
分　　布	在国内除西藏的部分地区外广布于各地。国外分布于亚洲中东部地区，也引种至欧洲、北美洲和澳大利亚。
最佳观鸟时间及地区	全年：除西藏外全国各地。

红腹锦鸡（金鸡）

Golden Pheasant; *Chrysolophus pictus*

头具金黄色丝状羽冠

下体深红色

沈越·摄

栖息地：中低海拔的山地森林、林缘地带及耕地。

全长：雄鸟861～1078mm，雌鸟590～700mm

识别要点	中型鸡类，雄鸟羽衣华丽，头具金黄色丝状羽冠，上体除上背浓绿色外，其余为金黄色，后颈被有橙棕色而缀有黑边的扇状羽，形成披肩状。下体深红色，尾羽很长，深褐色，满缀以土黄色斑点。雌鸟通体棕黄色，满缀以黑褐色虫蠹斑和横斑，脚黄色。
生态特征	繁殖期为4～6月，一雄多雌制。栖息于海拔500～2500m的阔叶林、混交林及林缘疏林灌丛地带，也出现于岩石陡坡及矮灌丛和竹林地带，夜间在栎树、松树上栖息。冬季喜集群，有时可形成30余只的大群。性机警，善于在地面疾速奔跑，受惊扰时常飞上树上隐没。
分　　布	为我国特有种，分布于河南南部、山西南部、陕西南部、宁夏南部、甘肃东南部、青海东南部、云南东北部、四川、重庆、贵州东部、湖北西部、湖南西部等地。
最佳观鸟时间及地区	全年：河南三门峡甘山国家森林公园、陕西秦岭等地。

白腹锦鸡（铜鸡，笋鸡，宽宽鸡）

Lady Amherst's Pheasant; *Chrysolophus amherstiae*

雄鸟头顶、背、胸
为金属翠绿色

腹部白色

沈越·摄

栖息地：常绿阔叶林、针阔混交林及林缘灌丛。

全长：雄鸟1130～1450mm，雌鸟539～670mm

识别要点	中型鸡类，雄鸟头顶、背、胸为金属翠绿色，枕冠赤红色，具有带黑边的白色披肩，下背和腰浅黄色，尾特长，具黑白相间的云状斑纹和横斑，腹部白色。雌鸟上体及尾大都棕褐色，布满黑斑，胸棕色也有黑斑，腹部白色。
生态特征	繁殖期4～6月。一雄多配制。栖息于海拔1400～4000m常绿阔叶林、混交林及针叶林，秋冬季喜集群，4～10只，有时可出现20～30只的大群。杂食性，以植物性食物为主，兼食昆虫等无脊椎动物。夜间在树枝上栖息。善于在地面行走和奔跑，受惊扰时一般不起飞，而是迅速奔跑或钻入林下灌草丛或沿山坡向下滑翔。
分　布	国内分布于西藏东南部、云南、四川西南部、贵州西部、广西西部。国外分布于缅甸东北部。
最佳观鸟时间及地区	全年：四川康定、云南泸西等地。

鹤形目
GRUIFORMES

多为大型鸟类，并具嘴长、颈长、后肢长
的"三长"特征。

前三趾发达，后趾退化且高于其他趾，适
于地栖，不善握枝。

巢筑在近水地面，雏鸟早成。

鹤科 Gruidae

蓑羽鹤（闺秀鹤） | Demoiselle Crane; *Anthropoides virgo*

耳羽白色向后延长成簇

胸前羽毛成蓑状

赵超·摄

栖息地：高原、草原、半荒漠、荒漠和沼泽生境。 全长：1000mm

识别要点	体形苗条，雌雄相似。头顶白色，耳羽白色向后延长成簇，头余部、颈部、上胸黑色；上体青灰色，飞羽黑色；下体灰色。雄鸟虹膜红色，雌鸟虹膜橘黄色，嘴黄绿色，脚黑色。
生态特征	多在草原、半荒漠地区活动，较少进入湿地。平时常以家族群活动，迁徙时集大群。取食植物种子、嫩芽、块根茎等，也吃昆虫和其他小动物。
分　　布	国内分布在东北、内蒙古鄂尔多斯和西北地区，为夏候鸟，在西藏南部有越冬。国外见于中亚、印度及喜马拉雅山脉地区。
最佳观鸟时间及地区	夏季：东北、内蒙古、西北地区；冬季：西藏南部。

白鹤　Siberian White Crane; *Grus leucogeranus*

裸露皮肤红色

陈建中·摄

栖息地：大型湖泊、河流浅滩等浅水生境，农田中也偶有栖息。　全长：1350mm

识别要点	大型涉禽，几乎通体白色，翅初级飞羽黑色，但须在飞行时后才可看到，面部裸露部分红色。嘴黄色，脚系红色。
生态特征	常以家族群活动，越冬时集大群。在湿地浅水中觅食各种植物种子、块根、茎等，也吃鱼虾。迁徙时拍成队列飞行，振翅缓慢。
分　布	国内见于东北地区、华北和东部沿海地区，为旅鸟，主要在江西鄱阳湖越冬，在长江中下游附近的大型湖泊也有少量冬候群体。国外见于俄罗斯、越冬在伊朗、印度东北部地区。
最佳观鸟时间及地区	冬季：江西鄱阳湖；春、秋季：辽宁獾子洞、吉林向海、河北北戴河。

灰鹤

喉、前颈黑色

赵超·摄

栖息地：湿地沼泽、河湖、水库近岸浅水处，农田。　　全长：1250mm

识别要点	大型涉禽，雌雄相似。头顶至后枕、颏、喉、前颈黑色，顶冠具红色裸皮，脸侧、后颈黑色；身体大部灰色，翅初级飞羽和次级飞羽黑褐色，三级飞羽镰刀状，灰色，羽端黑色；尾羽灰色，羽端黑色。嘴灰绿色，尖端黄色；脚灰黑色。
生态特征	常结群活动，在河滩、沼泽、农田中觅食，取食植物种子、根、茎、芽等，也吃昆虫、鱼、虾、小型鼠类等。飞行时常排成"一"字或"人"字形的队，繁殖期在沼泽草丛中营巢。
分　布	国内在东北和西北小面积地区为夏候鸟，东北大部为旅鸟，华北以南地区为旅鸟和冬候鸟。国外见于欧亚大陆北部，冬季中南半岛地区也有越冬。
最佳观鸟时间及地区	春、秋季：新疆伊犁、河北北戴河；冬季：北京野鸭湖、山东东营、江苏盐城、云南丽江拉市海。

丹顶鹤（仙鹤） Red-crowned Crane; *Grus japonensis*

颈黑、后颈上部白色

张锡贤·摄

栖息地：湖泊、水库、苇塘等湿地生境。　　全长：1500mm

识别要点	大型鹤类，体态优雅。头顶裸露部分红色，眼后经枕部至后颈上部白色，眼先、脸颊、喉、颈侧黑色；体羽余部白色；仅翅次级飞羽和镰刀状的三级飞羽黑色。平时翅膀收拢，三级飞羽垂在体后，常会被误认为是尾羽。
生态特征	常以家族群活动，在湿地沼泽行走觅食浅水中的植物种子、根茎，小鱼、小虾、螺等。迁徙时集群，排队飞行。繁殖期成对活动，求偶炫耀舞蹈优美，在芦苇丛中筑巢。
分　布	国内在东北地区繁殖，东北地区东部、华北东部沿海地区为旅鸟，在华东地区为冬候鸟。国外见于西伯利亚东南部、朝鲜、日本。
最佳观鸟时间及地区	夏季：黑龙江扎龙；春、秋季：山东东营；冬季：江苏盐城。

134

秧鸡科 Rallidae

普通秧鸡	Water Rail; *Rallus aquaticus*

上嘴顶端暗褐色；嘴余部红色

栖息地：苇塘、稻田、鱼塘、湖泊岸边等浅水而水生植物丰富的生境中。　全长：290mm

张瑜·摄

识别要点	中等体形的秧鸡，雌雄相似。额、头顶和后颈褐色，具深色纵纹，眉纹、脸部灰色，贯眼纹深褐色；上体黑褐色，各羽缘橄榄褐色；尾羽黑褐色，羽缘褐色；翅褐色；下体额部白色，前颈、胸部和上腹灰色，两胁具黑白色横斑；尾下覆羽黑褐色，具白色横斑。上嘴顶端暗褐色，嘴余部红色，脚灰红色。
生态特征	常单独活动于水草繁茂的地方，觅食植物种子和昆虫，性胆怯，常隐匿在草丛中，较难见到。较少飞行，会游泳，但活动方式以涉水为主。繁殖期在水边地面上营巢。
分　　布	全国范围都有分布，在新疆西部、东北、华北北部为夏候鸟；在新疆大部、青海、甘肃西北部、四川西南部为留鸟；在华北大部、华中、华东地区为旅鸟；华南地区为冬候鸟。国外见于欧亚大陆。
最佳观鸟时间及地区	春、夏、秋季：我国大部；冬季：华南

西方秧鸡　Water Rail; *Rallus aquaticus*

头部的蓝灰色区域比普通秧鸡更为浓重且面积也更大

沈越·摄

栖息地：挺水植物丰富的湿地。　　　全长：300mm

识别要点	雌雄相似，形态特征与普通秧鸡极为相似。区别处是头部的蓝灰色区域更为浓重且面积也更大。
生态特征	多单独活动。喜在芦苇丛及挺水植物间的浅水地带涉水捕食小鱼、小虾、水生昆虫等，也食部分植物种子、果实。还会游水捕食。
分　布	我国主要分布于西部地区，冬季偶见于北京、河北、山东等地。国外分布于欧亚大陆西部地区，越冬在中亚、南非。
最佳观鸟时间及地区	冬季：北京奥林匹克森林公园（偶见）。

白胸苦恶鸟 White-breasted Waterhen; *Amaurornis phoenicurus*

前颈、胸白色

赵超·摄

栖息地：水田、湿润草地、苇塘、池塘、河滩等生境。　　　　全长：330mm

识别要点	体形略大，雌雄相似。头顶后部、后颈、上体为黑色；脸侧、前颈、胸、上腹白色；下腹和尾下覆羽棕色。嘴黄绿色，上嘴上基部红色，脚黄色。
生态特征	通常单独活动，偶尔结小群。在水草茂密的浅水生境活动觅食，善于行走和游泳，取食植物种子、嫩芽，水生昆虫等。也会到较为开阔的地方活动，较其他种类的秧鸡容易见到。
分　布	在我国华北北部以南地区多为夏候鸟，在华南和华东沿海、云南等地为留鸟和冬候鸟。国外见于印度和东南亚地区。
最佳观鸟时间及地区	春、夏、秋季：华北以南大部；全年：华南。

小田鸡　　Baillon's Crake; *Porzana pusilla*

背具白斑

张瑜·摄

栖息地: 苇塘、稻田、鱼塘、湖泊岸边等浅水而水生植物丰富的生境中。　全长: 180mm

识别要点	上体头顶、肩背、双翅、尾羽概为橄榄褐色，具黑色的纵纹，肩背部和内侧飞羽具不规则的白色斑；头部贯眼纹褐色，眉纹灰蓝色；下体颏喉部、胸部灰蓝色，两肋具黑褐色和白色相间的横斑，腹部淡褐，具白色横斑，尾下覆羽黑色，具白色横斑。虹膜红褐色；嘴绿黄色，尖端黑；脚绿褐色。
生态特征	常单独活动，在水域附近草丛中穿梭，性隐蔽，不易见到。少飞行，遇到危险多穿梭于芦苇丛中躲避，偶尔飞一小短距离就有钻入草丛中。取食昆虫、水生软体动物、水生植物等。繁殖期在草丛基部或地面上营巢。
分　　布	国内在东北、华北和西北少数地区繁殖，东部大部分地区都有分布，为旅鸟，华南南部有少数冬候个体。国外见于欧亚大陆和北非。
最佳观鸟时间及地区	春、夏、秋季: 全国大部; 冬季: 华南南部。

红胸田鸡 Ruddy-breasted Crake; *Porzana fusca*

头顶部、脸部至前颈和胸部及上腹部为棕红色

沈越·摄

栖息地: 淡水湿地的浅水处及苇丛、藕田。

全长: 220mm

识别要点	小型涉禽，雌雄相似，头顶部、脸部至前颈和胸部及上腹部为棕红色，上体和翅膀为暗橄榄褐色，胸部褐色，脚红色，极易辨认。
生态特征	常单独出现，白天隐藏在水边的灌草丛及苇丛中，晨昏和夜间活动。性胆怯，善奔跑和藏匿。主要食水生昆虫、软体动物和水生植物的叶、芽及种子。
分　布	在我国东北、华北、华南及华东地区，包括海南及台湾均为夏候鸟或留鸟。国外分布于东亚、东南亚等地区。
最佳观鸟时间及地区	夏季：参考上述分布地区（数量较少，不易看到）。

嘴膨大粗短，红色

通体蓝色或紫蓝色

沈越·摄

栖息地：富有水生植物的湖泊、溪流、水渠及稻田。　　全长：500mm

识别要点	中型涉禽，雌雄相似，通体蓝色或紫蓝色，嘴膨大粗短，红色。额甲红色。脚和趾甚长。
生态特征	常成对或成家族群出现，白天多隐藏在水边的灌草丛及苇丛中。性胆怯，警觉时，尾羽频繁上下摆动，露出白色尾下覆羽。善奔跑和藏匿。喜在浅水处觅食，利用长脚趾行走或停息在浮水植物的叶面上。主要食水生植物的叶、芽及种子，也吃水生昆虫、软体动物等。
分　　布	我国见于云南、广西、福建、海南、香港等地，为当地留鸟。国外分布于欧洲、东亚、非洲、大洋洲等地区。
最佳观鸟时间及地区	全年：参考上述分布地区及相关生境（数量较少，不易看到）。

黑水鸡(红骨顶，红冠水鸡) Common Moorhen; *Gallinula chloropus*

嘴基和额甲红色

王吉衣·摄

栖息地：多芦苇、香蒲的池塘、河、湖、排水沟等有水生境。　　全长：320mm

识别要点	全身黑色为主，两胁具宽阔的白色条纹，尾下两侧具两个白色斑块，尾羽上翘时尤为明显。嘴端淡黄绿色，嘴基部和额甲红色。脚黄绿色，趾长而不具蹼，胫部下端裸出，橘橙红色环带。
生态特征	单独或成对活动于植被茂密的湿地水域，善游泳，也能潜水。常在水面游泳或在草丛间行走穿梭觅食水生植物、昆虫等。飞行能力较弱，遇到危险常只飞行一小段就又落入水中。通常在芦苇香蒲丛中营巢。
分　布	国内见于东部大部分地区和新疆西北部，在北方多为夏候鸟和旅鸟。南方为留鸟和冬候鸟。国外除大洋洲外见于各大洲。
最佳观鸟时间及地区	春、夏、秋季：北方大部；全年：长江以南地区。

白骨顶（骨顶）

嘴白色

赵超·摄

栖息地：栖息于水草繁茂的池塘、湖泊、河流、水库。 　　全长：400mm

识别要点	体形较大且显得壮实，整个体羽大部分深黑灰色，头顶前端有一块白色额甲板；翅飞羽黑褐色，次级飞羽末端中央白色；胸部中央略呈苍白色，羽端近白色。嘴白色，脚灰绿色，具瓣蹼。
生态特征	常集群活动，在较开阔水面游泳，常潜入水中寻找鱼虾、昆虫、水草等食物。飞行能力较强，遇到危险常急速起飞，飞行一段又落回水面或潜入水中躲避敌害。繁殖期在草灌丛中水面上营漂浮巢。
分　　布	全国范围都有分布，在黄河以北地区为夏候鸟和旅鸟，华中地区为旅鸟，在长江以南地区为冬候鸟。国外见于欧亚大陆、非洲和澳大利亚。
最佳观鸟时间及地区	春、夏、秋季：北方大部；秋、冬、春季：南方地区。

鸨科 Otididae

大鸨（**Bǎo**）[野雁，地甫（**Fǔ**）鸟]　Great Bustard; *Otis tarda*

满布宽阔黑色横斑和细的蠹状斑

张锡贤·摄

栖息地：多栖息于近水域的湿地草滩、丘陵草坡、半荒漠草原等开阔生境。

全长：1000mm

识别要点	体形硕大。雄鸟头和上颈青灰色，下颈棕色；上体大都淡棕色，满布宽阔的黑色横斑和细的蠹状斑；中央尾羽深棕色，羽端白色，外侧尾羽基部白色，近羽端具黑色横斑；翅飞羽黑褐色；下体偏白色。繁殖期喉部和颈侧满布细长的纤羽。嘴和脚铅灰色。雌鸟较雄鸟小，羽色较暗淡，颈侧无纤羽。
生态特征	常结小群活动，善于奔走，步态稳重。飞行略显笨重，起飞需迎风助跑一段才能升空。取食多种植物种子、幼苗，也捕食昆虫，偶尔吃鱼、虾和其他小动物。繁殖期雄鸟求偶炫耀会炸开胸部羽毛，场面十分壮观，在地面浅坑处筑巢。
分　布	国内见于新疆西部、内蒙古、东北、华北地区，在长江以南少数地区偶见。在新疆为留鸟，东北多为夏候鸟，其他地区为旅鸟和冬候鸟。国外见于欧洲、西北非至中亚地区。
最佳观鸟时间及地区	夏季：东北；秋、冬、春季：华北。

143

鸻形目
CHARADRIIFORMES

（鸻鹬类）

小型和中型涉禽。嘴形变化较大，在形态构造上具有与生活习性相适应的特征。

翅长而尖，起飞不定向，善飞翔。

前三趾发达，具不发达的蹼膜，后趾多退化。

雌雄相似，雏鸟早成。

（鸥类）

嘴形直。翅尖长，善飞翔。

前三趾具蹼，后趾小而位高。

体色多以黑、白、灰色为主，罕为褐色。

幼鸟色暗，多为海洋鸟类，少数生活于淡水，善浮水。

雌雄相同，雏鸟晚成。

水雉科Jacanidae

水雉（凌波仙子，水凤凰）

Pheasant-tailed Jacana; *Hydrophasianus chirurgus*

头顶两侧有黑色条纹绕过耳羽，沿颈侧至胸部深色区域

脚黄绿色，脚趾甚长

沈越·摄

栖息地：富有浮水植物和挺水植物的淡水湖泊、池塘等湿地。　全长：520mm

识别要点	中型涉禽，雌雄相似，但雌鸟体形大于雄鸟。繁殖羽脸颊、额部、前颈白色，头顶两侧有黑色条纹绕过耳羽，沿颈侧至胸部深色区域，胸部、腹部、腰部及尾羽褐黑色。翼上覆羽白色。嘴灰蓝色。脚黄绿色，脚趾甚长。
生态特征	喜栖息在富有浮水植物和挺水植物的淡水湖泊、池塘等湿地。喜在芡实、荷等浮水植物大型叶面上行走和停息。游泳时头和尾上扬露出水面。也会潜水。单只或成小群活动，喜食昆虫、其他蠕虫、软体动物及部分水生植物等。
分　布	我国见于华北、华东、华南、西南等地区，包括海南和台湾。国外分布于东亚、东南亚、南亚等地区。
最佳观鸟时间及地区	春、夏、秋季：参考上述分布地区的相关淡水湿地。

蛎鹬科 Haematopodidae

蛎鹬（LìYù）　Eurasian Oystercatcher; *Haematopus ostralegus*

头、颈、胸黑色

沈越·摄

栖息地：海岸岩石滩、沙滩、河口滩涂。	全长：440mm

识别要点	中等体形，且显得较为粗壮。羽色黑白相间，头、颈、胸部、背部黑色，翅大部黑色，次级飞羽基部白色，尾羽羽端黑色，身体余部白色。嘴长而粗壮，橙红色，脚粉红色。
生态特征	栖息在海岸、沼泽、河口等地。多单独活动，有时结小群，在海滩泥沙中用嘴搜索食物。觅食软体动物、甲壳类或蠕虫。奔跑快，飞翔力强。繁殖期在海边砂砾中筑巢。
分　布	国内在东北东部、华北沿海地区为夏候鸟和旅鸟，东部和南部沿海地区为旅鸟和冬候鸟。国外见于欧洲。
最佳观鸟时间及地区	春、秋季：东部沿海；冬季：华东华南沿海。

鹮嘴鹬科 Ibidorhynchidae

鹮（Huán）嘴鹬（Yù） | Ibisbill; *Ibidorhyncha struthersii*

嘴红色，细长而向下弯曲

赵超·摄

栖息地：中低海拔山区多砾石的溪流、河滩。 | 全长：400mm

识别要点	体形较大，额、头顶、眼先、颏、喉部都为黑色，外缘为白色。颈和胸部蓝灰色，上体灰褐色，下体在胸部有一条黑褐色的宽阔环带，于蓝灰色胸部之间夹一条白色条纹，下体余部白色。嘴深红色，细长而向下弯曲，脚绯红色。
生态特征	单只或结小群活动，在山区溪流河滩活动觅食，捕食小鱼、小虾、软体动物、大型昆虫等。繁殖期在河流间卵石凹陷处营巢。
分　布	国内见于新疆西部、西藏、四川、云南、青海、甘肃、陕西、山西、河北和内蒙古东部，为留鸟。也见于喜马拉雅山脉其他地区和中南亚。
最佳观鸟时间及地区	全年：华北、华中、西南地区。

反嘴鹬科 Recurvirostridae

黑翅长脚鹬	Black-winged Stilt；*Himantopus himantopus*

翅黑色

赵超·摄

栖息地：沿海和内陆的湿地沼泽、河湖边滩。	全长：360mm

识别要点	体态高挑，头上部、后颈、上体肩背部、双翅都为黑色，余部白色。嘴细直，黑色，腿和脚极长，红色。
生态特征	活动于浅水沼泽，边行走边不停地低头觅食，取食软体动物、蠕虫、水生动物等，单独或集群活动。繁殖期在湿地草丛间地面上营巢。
分　　布	全国范围都有分布，北方多为夏候鸟和旅鸟，南方地区为留鸟和冬候鸟。国外见于印度及东南亚。
最佳观鸟时间及地区	春、夏、秋季：全国大部；全年：南方地区。

反嘴鹬　Pied Avocet; *Recurvirostra avosetta*

嘴细长而上翘

陈建中·摄

栖息地：海滨、内陆的湖泊、河流、池塘岸边。　全长：430mm

识别要点	体形较大，身体黑白两色，头上部、后颈、初级飞羽、肩羽黑色，翅上有一条黑色斑纹，身体余部白色。嘴细长而上翘，黑色，脚黑色。
生态特征	常集群活动，在浅水中低头觅食，将嘴在水面向两边不断扫动搜索食物，善游泳，有时会浮在水面进食，主要吃水生昆虫。繁殖期在水域岸边地面上营巢。
分　布	国内除云南、海南外，见于各省，在北方地区为夏候鸟，迁徙时经过大片地区，华东、华南沿海地区有越冬群体。国外见于欧洲、非洲南部、印度等地。
最佳观鸟时间及地区	春、秋季：全国大部；冬季：东南沿海。

石鸻科 Burhinidae

石鸻（鬼鸟） Eurasian Thick-knee; *Burhinus oedicnemus*

翅上有白色横斑

虹膜黄色，嘴基黄色

沈越·摄

栖息地：开阔干燥多灌丛多石的地带或河滩地带。 全长：450mm

识别要点	中型涉禽，雌雄相似，通体黄褐色并密布深色纵纹，翅上有白色横斑，虹膜黄色，嘴基黄色，嘴端黑色，脚黄色。
生态特征	常单独或小群活动，夜行性，主要在夜间、清晨、傍晚活动，偶尔也会白天活动。喜食虾、软体动物、昆虫等，也吃两栖类、爬行类及鸟卵。
分　　布	我国见于新疆、西藏西部，为少见的夏候鸟。国外分布于欧洲至北非、西亚至中亚地区。
最佳观鸟时间及地区	夏季：新疆石河子。

燕鸻科 Glareolidae

普通燕鸻（Héng）　Oriental Pratincole; *Glareola maldivarum*

黑色细纹

陈建中·摄

栖息地：开阔湿地滩涂，草地和农田。　　　全长：250mm

识别要点	中等体形，上体大部灰褐色，翅外侧飞羽黑褐色，尾上覆羽浅白色，尾叉形，尾羽基部白色，端部暗褐色，外侧尾羽白色；下体额、喉棕白色，头侧自眼先经咽下至喉部后缘有一条黑色细纹，胸部淡褐色，下胸和两胁棕褐色，余部白色。嘴黑色，嘴基红色，脚深褐色。
生态特征	结群活动，迁徙季节集大群。性喧闹，飞行似燕子，速度快，边飞边叫。主要吃昆虫，尤喜吃蝗虫。繁殖期结群在草地或沙地上简单做巢。
分　布	国内在东北、华北、华东地区为夏候鸟和旅鸟，中部和西南地区为旅鸟。国外见于蒙古、西伯利亚、印度、泰国、菲律宾等地。
最佳观鸟时间及地区	春、夏、秋季：除新疆西藏外大部地区。

151

鸻科 Charadriidae

凤头麦鸡 | Northern Lapwing; *Vanellus vanellus*

长冠羽

赵超·摄

栖息地：河湖岸边、草地、农田。		全长：320mm

识别要点	体形较大，繁殖期额、头顶黑色，头后具长的冠羽，头侧淡棕色，眼周、耳羽、颈侧具黑色斑纹。上体绿褐色，闪绿金属光泽，翅黑色，外侧飞羽羽端浅棕，尾白色，具宽阔的黑色次端斑，下体额、喉黑色，腹部白色、胸部具宽阔的黑色胸带，尾下覆羽棕色。非繁殖期羽色较暗淡，额、喉白色。嘴近黑色，脚橙褐色。
生态特征	常结群活动，迁徙时甚至结成数百至的大群，飞行振翅缓慢。在水边、农田草地寻找食物，主要取食昆虫、草子等。繁殖期在草丛、地面营巢。
分　布	国内在东北、华北北部、西北北部为夏候鸟，在长江以南地区为冬候鸟，东部地区多为旅鸟。国外见于欧亚大陆北部、印度和东南亚。
最佳观鸟时间及地区	春、夏、秋季：北方大部；冬季：长江以南地区。

距翅麦鸡　　　　　　River Lapwing; *Vanellus duvaucelii*

头顶与喉部黑色，羽冠黑色

通体灰褐色

沈越·摄

栖息地: 河边的沙滩及多卵石地带。　　　　全长: 450mm

识别要点	中型涉禽，雌雄相似，通体灰褐色，头顶与喉部黑色，羽冠黑色，脸颊灰白色，胸部有灰褐色斑块，腹部白色。虹膜红褐色，嘴黑色，脚深灰色。
生态特征	常在河边的沙滩及多卵石地带，或邻近的农田。单独或成对或成家族小群活动，喜食水生昆虫、其他蠕虫、甲壳类、软体动物、蝗虫、蚱蜢等。
分　布	我国仅见于云南西部及西南部、海南、和西藏东南部。多为当地留鸟。国外分布于东南亚、南亚等地。
最佳观鸟时间及地区	全年: 分布区狭窄，请参考上述的分布区。

头灰色

赵超·摄

栖息地: 开阔水域河滩、草地、农田。

全长: 350m

识别要点	头及胸部灰色, 胸部灰色下缘具黑色胸带, 上体背部褐色, 翅初级飞羽黑色, 次级飞羽白色; 尾羽白色, 具黑色次端斑, 最外侧尾羽纯白; 下体白色。嘴黄色, 嘴端黑; 脚黄色。
生态特征	集群活动, 在沼泽、农田、草地中活动觅食, 取食昆虫、草子等。繁殖期在地面营巢。
分布	国内在东北至华东地区为夏候鸟和旅鸟, 云南、广东、广西为冬候鸟。国外见于朝鲜、日本、印度东南部、东南亚。
最佳观鸟时间及地区	春、夏、秋季: 东北地区; 春、秋季: 东北以南大部。

154

肉垂麦鸡　Red-wattled Lapwing; *Vanellus indicus*

耳羽白色

头、颈、胸黑色

沈越·摄

栖息地：草地、农田、牧场、水渠等地带。　全长：350mm

识别要点	中型偏小的涉禽，雌雄相似，头、颈、胸黑色，耳羽白色，上体及翅褐色，下体白色。虹膜红褐色，嘴红色，嘴尖黑色，脚黄色。
生态特征	常在草地、农田、牧场、水渠、水塘等地带活动。成对或成家族小群活动，喜食昆虫、其他蠕虫、软体动物等。
分　布	我国仅见于云南西南部。为当地留鸟。国外分布于东南亚、南亚、西亚等地。
最佳观鸟时间及地区	全年：云南那帮地区。

155

| 金鸻 | Pacific Golden Plover; *Pluvialis fulva* |

羽缘金黄

陈建中·摄

| 栖息地：沿海滩涂、内陆河流附近、稻田、开阔草地。 | 全长：250mm |

识别要点	中等体形，较为粗壮。繁殖期上体羽黑褐色，羽缘金黄，部分具白色斑点，额部、眉纹白色，向后绕耳羽延伸至胸侧，形成较为明显的宽阔白色条纹。翅飞羽和尾羽暗褐色，缀浅土黄色横斑。脸部、下体黑色。非繁殖期羽色较为暗淡，整体偏灰，且下体无黑色，而是灰色缀以灰褐色横斑。嘴短而厚，黑色。脚灰绿色。
生态特征	单独或成群活动，在湿地岸边、农田、开阔草地上奔走觅食，取食蠕虫、蜗牛、昆虫等，偶尔也吃杂草种子和嫩芽。繁殖期在地面凹陷处营巢。
分　　布	我国全国范围内都可见到，主要为旅鸟，在东南沿海地区有冬候群体。
最佳观鸟时间及地区	春、秋季：全国。

156

非繁殖羽黑色部分消失，通体灰白色，头顶、上体、下体和翅密布褐色杂斑

沈越·摄

栖息地：海滨潮间带、河口、沼泽等淡水湿地。　　全长：300mm

识别要点	中型偏小涉禽，雌雄相似，整体显得比金鸻大而粗壮。繁殖羽头顶、后颈、后腹部白色，上体及翅膀上密布黑色杂斑。脸部、前颈至胸、两胁、上腹部黑色，嘴和脚为黑色。通常非繁殖羽黑色部分消失，通体灰白色，头顶、上体、下体和翅密布褐色杂斑。
生态特征	常在海滨潮间带、滩涂、河口、沼泽等淡水湿地出现，成小群活动，喜食水生昆虫、其他蠕虫、软体动物等。
分　布	我国见于各省，多为旅鸟，在东南沿海有少量越冬。国外繁殖分布于北极地区，在各大洲沿海地区越冬。
最佳观鸟时间及地区	春、秋季：各省沿海地区。

头顶前部黑色、后部灰褐色

后颈具一白色领环，向前延伸与额喉部白色相连

赵超·摄

栖息地：多砾石的河流岸边，沿海滩涂。　全长：220mm

识别要点	小型涉禽。繁殖期额部白色，头顶前部黑色、后部灰褐色，后颈具一白色领环，向前延伸与额喉部白色相连，紧挨白色领环有一黑色领圈围绕颈部；贯眼纹灰褐色，具白色眉纹；上体灰褐色，中央尾羽灰褐色，外侧尾羽外缘白；下体余部白色。非繁殖期体羽较暗淡，头部黑色不明显。嘴较长而直，黑色；脚暗黄色。
生态特征	多结成小群活动，在多砾石的溪流河滩边觅食，食物主要为昆虫，也吃少量杂草种子。繁殖期在河滩砾石间营巢。
分　　布	国内在东北、华北、华中部分地区为夏候鸟，也有少量为留鸟，在长江以南地区为冬候鸟。国外见于东北亚，越冬在东南亚。
最佳观鸟时间及地区	夏季：东北、华北、华中部分地区；冬季：长江以南。

金眶鸻 | Little Ringed Plover; *Charadrius dubius*

眼圈金黄色

陈建中·摄

栖息地：沿海和内陆的水域滩涂、内陆开阔农田。 | 全长：160mm

识别要点	体小，繁殖期额基、头顶前部，贯眼纹黑色，头顶后部至上体灰褐色，后颈具白色领环向前延伸和白色的额、喉部相连，下面紧连一宽阔的黑色颈圈。中央尾羽沙褐色，最外侧尾羽白色，下体余部白色。非繁殖期羽色较暗淡，头部黑色区域不明显。眼圈金黄色，嘴黑色，脚黄色。
生态特征	常结小群活动，在水域岸边跑跑停停，常急速小跑一段然后停住继续寻找食物，主要吃昆虫。繁殖期在地面砾石间、草丛中凹陷处营巢。
分　　布	全国范围内都有分布，大部分地区为夏候鸟，东南沿海地区有越冬群体。国外见于欧亚大陆北部，东南亚、北非等地区。
最佳观鸟时间及地区	春、夏、秋季：全国大部；秋、冬、春季：华南地区。

159

赵超·摄

栖息地：沿海滩涂、内陆湖泊、河流边滩，低矮草地、农田。　　全长：160mm

识别要点	体小，身体显得较胖，头大。繁殖期额部、眉纹、脸侧为白色，头顶前部、贯眼纹、黑色，头顶后部赤褐色，后颈基部白色向前延伸形成白色领环，黑色颈圈在前颈处断开。上体淡褐色，翅飞羽黑褐色，羽基白色翅斑飞行时尤为明显，尾部黑褐色，外侧尾羽白色。下体余部白色。非繁殖期上体大部灰褐色。嘴和脚黑色。
生态特征	单独或结小群活动，常与其他涉禽混群活动，在湿地滩涂和沼泽草地上觅食，主要以昆虫、蠕虫为食。繁殖期在河滩地面上、农田草丛地中营巢。
分　布	国内大部分地区都有分布，在东北南部、华北、西北华中地区为夏候鸟和旅鸟；华东、东南沿海地区为留鸟和冬候鸟。国外见于美洲、非洲、欧亚大陆南部。
最佳观鸟时间及地区	春、夏、秋季：全国大部；全年：南方地区。

160

蒙古沙鸻　　Lesser Sand Plover; *Charadrius mongolus*

胸部棕红色，
上缘有黑色线

沈越·摄

栖息地: 海滨潮间带、河口、沼泽等湿地。　　全长: 200mm

识别要点	小型涉禽，雌雄相似，繁殖羽头顶灰褐色，前额白色，额后部有黑色横带，嘴黑色。黑色贯眼纹。脸颊、喉部白色，后颈、胸为棕红色，胸部棕红色上缘有黑色线。上体及翅膀灰褐色。脚灰褐色。雌鸟繁殖羽较雄鸟暗淡一些。额无黑斑。
生态特征	常在海滨潮间带、滩涂、河口、沼泽等淡水湿地出现，成小群活动，喜食蠕虫、软体动物、其他昆虫等。
分　布	我国见于东部各省及新疆（少量繁殖）、西藏、青海等地，多为旅鸟。在东南沿海有少量越冬。国外繁殖分布于欧亚大陆东北部，在印度洋及太平洋西岸越冬。
最佳观鸟时间及地区	春、秋季：我国东部各省沿海地区。

161

铁嘴沙鸻（铁嘴鸻） Greater Sand Plover; *Charadrius leschenaultii*

头前、贯眼纹黑色

后颈棕红色向
前延伸至胸前
成横斑带

陈建中·摄

| 栖息地: 沿海滩涂、内陆河流、湖泊浅滩。 | 全长: 230mm |

识别要点	繁殖期额部白色，头前、贯眼纹黑色，头顶和背部、双翅灰褐色；尾羽沙褐色，外侧尾羽白色；下体余部白色。非繁殖期羽色暗淡，缺领环。嘴黑色，较长而直；脚灰黄色。
生态特征	单独或结群活动，也见与其他涉禽混群。取食水生昆虫、软体动物等。繁殖期河湖沿岸地面营巢。
分　布	国内在新疆北部、内蒙古西北部为夏候鸟，华北、华中、华东地区为旅鸟，东南沿海有少量越冬个体。
最佳观鸟时间及地区	春、秋季：华北、华中、华东；夏季：新疆北部、内蒙古西北部。

162

东方鸻　Oriental Plover; *Charadrius veredus*

嘴黑色

脚橙黄色

沈越·摄

栖息地: 干旱平原、盐碱沼泽、草地和淡水湖泊等湿地。　全长: 240mm

识别要点	小型涉禽，繁殖羽雄鸟头部较白，胸部棕红色，往下逐渐变深并有黑色下缘，其余下体白色。繁殖羽雌鸟头部、胸部棕黄色。嘴黑色。脚橙黄色。非繁殖期，雄鸟的深色胸带转为褐色，黑色消失。
生态特征	常在干旱平原、山脚岩石荒地，盐碱沼泽、草地和淡水湖泊等湿地，冬季可到河口、海滩地带活动。单只或成小群活动，冬季可结大群。喜食昆虫、软体动物、其他蠕虫等。
分　布	我国见于东部各地，多为旅鸟。北部地区有少量繁殖。在台湾有少量越冬。国外繁殖分布于蒙古，在澳大利亚北部越冬。
最佳观鸟时间及地区	春、秋季：东部各省沿海地区。

鹬科 Scolopacidae

丘鹬（Yù）（大水鸱、山沙锥、山鹬）

Eurasian Woodcock；*Scolopax rusticola*

头顶至后枕有3～4条棕黑色横带

栖息地：阴暗潮湿的落阔林或混交林的林地。　全长：400mm

识别要点	中型涉禽，雌雄相似，体态肥胖，嘴直长。通体土褐色，布满深棕色、皮黄色花斑。最为显著的特征是，头顶至后枕有3～4条棕黑色横带。颈和脚都显得较短。
生态特征	喜栖息在阴暗潮湿的落阔林或混交林的林下草丛或灌丛，有时也见于低山丘陵附近的湿草地或水田。白天多藏匿于林下灌草丛，夜晚和黄昏才到附近的水边觅食。单只活动，喜食昆虫、甲壳类、软体动物、其他小型无脊椎动物，也食植物根、浆果和种子。
分　　布	繁殖分布于我国北方地区，越冬在南方。国外广布于欧亚大陆。
最佳观鸟时间及地区	春、夏、秋季：参考上述分布地区，到相关淡水湿地附近的林缘地带。

孤沙锥 [沙锥子，北鹬，尾翎札（Zhá）]

Solitary Snipe; *Gallinago solitaria*

眉纹和颊部偏白

王传波·摄

栖息地：平原和山区的泥塘、沼泽、稻田、溪流。　全长：300mm

识别要点	体形较大的沙锥。较其他沙锥羽色暗，斑纹细密，眉纹和颊部偏白。嘴橄榄褐色，尖端近黑色；脚黄绿色。
生态特征	喜单独活动，多栖息于山区多砾石的溪流附近，遇危险会突然起飞，尖声鸣叫，边飞边叫。取食昆虫、无脊椎动物等。繁殖期在山区草地上筑巢。
分　布	国内在东北、新疆、西藏、青海、甘肃地区为留鸟；在西藏东南部和我国东部地区为冬候鸟和旅鸟。国外见于哈萨克斯坦、蒙古、东西伯利亚等地，多为当地留鸟。部分冬季迁徙到伊朗、缅甸、印度和日本。
最佳观鸟时间及地区	全年：东北、新疆、西藏、青海、甘肃；春、秋、冬季：东部地区。

扇尾沙锥

Common Snipe; *Gallinago gallinago*

嘴细长，黑褐色

沈越·摄

栖息地：河流、湖泊的浅滩，沼泽、芦苇地、水田等浅水生境。　全长：260mm

识别要点	体形略显肥胖，上体黑褐色，杂以许多红褐色、棕白色、淡黄色的斑纹；眉纹白色，颊纹、贯眼纹棕黑色；尾羽基部黑灰色，近端处栗红色，尾羽端白色。下体喉和前胸淡黄色，杂以棕黄色纵纹，胸部以下灰白色，两胁橘灰黑色横斑。嘴细长，黑褐色，嘴基黄色；脚橄榄绿色。
生态特征	喜活动于沼泽泥滩，用长嘴在泥中啄食小的无脊椎动物。隐蔽性强，常走至跟前都还难以发现。繁殖期在地面上营巢。
分　布	国内大部分地区都有分布，在新疆西部和东北北部为夏候鸟，长江以南地区为冬候鸟，其余地区为旅鸟。
最佳观鸟时间及地区	春、秋季：北方大部；秋、冬、春季：长江以南地区。

166

半蹼鹬（Yù）

Asian Dowitcher; *Limnodromus semipalmatus*

顶冠、眼先具深色纵纹

陈建中·摄

栖息地：内陆湖泊、河流边滩、沿海滩涂。　　　　全长：350mm

识别要点	繁殖羽头颈、前胸棕褐色，顶冠、眼先具深色纵纹；上体肩背部和两翅褐色和棕色相间，羽缘灰白色；尾羽褐色，具浅灰色横斑；下体两侧棕色缀褐色横纹，腹中央灰白色；非繁殖期整体偏灰色。嘴长而直，黑色；脚灰黑色。
生态特征	活动于沿海滩涂，边行走边将嘴扎入泥土中寻找无脊椎动物吃，动作略显机械。迁徙时结群或与其他鸻鹬类混群。繁殖期在水边地面营巢。
分　布	国内在东北北部为夏候鸟，华东、华南沿海地区为旅鸟。国外见于俄罗斯、蒙古、印度、东南亚、澳大利亚。
最佳观鸟时间及地区	春、秋季：华东、华南沿海地区。

黑尾塍（Chéng）鹬　Black-tailed Godwit; *Limosa limosa*

嘴基粉色，嘴端黑褐色

陈建中·摄

栖息地：沿海滩涂、河流、湖泊岸边。　全长：420mm

识别要点	大型的鹬类。繁殖期偏褐色，头顶、后颈、背部灰褐色，具深色斑纹，腰和尾羽基部白色，尾羽具宽阔的黑色端斑；翅深褐色斑驳，飞羽基部白色，飞行时很明显；下体棕褐色，下腹和尾下覆羽近白色，下胸腹部和两胁具深色横斑。非繁殖期羽色偏灰色，下体斑纹较少。嘴长而直，嘴端黑褐色，嘴基粉色；脚灰绿色。
生态特征	结群活动，迁徙季节有时会结成数百只的大群，在沿海滩涂、河流两岸泥滩上觅食，常将头插入软泥中捕捉沙蚕等无脊椎动物。
分　布	国内在新疆西北部和东北地区西部为夏候鸟，东部地区为旅鸟，东南沿海有少量群体越冬。国外见于欧亚大陆北部、非洲及澳大利亚。
最佳观鸟时间及地区	春、秋季：东部地区。

小杓（Sháo）鹬   Little Curlew; *Numenius minutus*

深褐色侧冠纹较粗

嘴较短

沈越·摄

栖息地：近海滨的沼泽、草地、农田。　　　　　全长：300mm

识别要点	似中杓鹬，但个体小且嘴较短的，头部深褐色侧冠纹较粗，下体腹部至尾下覆羽少斑纹。嘴褐色下嘴基粉红色；脚蓝灰色。
生态特征	长结群活动，较喜欢栖息在草地生境，少到沿海滩涂，主要以昆虫、蠕虫、软体动物为食。迁徙和越冬时也同其他鹬类集成较大的群体。
分　布	国内见于东北和东部沿海地区，为旅鸟。国外见于东北亚和太平洋西部沿岸地区至澳大利亚。
最佳观鸟时间及地区	春、秋季：东部沿海。

中杓鹬 Whimbrel; *Numenius phaeopus*

嘴黑色，长而下弯

张琦·摄

栖息地：沿海泥滩、河口、沿海草地、沼泽。	全长：430mm

识别要点	体形中等的勺鹬。羽色浅灰而满布褐色小纵纹和斑纹，头部具褐色侧冠纹和冠眼纹，眉纹和颏喉部灰白色，下体腹部和尾下覆羽灰白，两胁具褐色横斑。嘴黑色，长而下弯；脚蓝灰色。
生态特征	通常结小群活动于水域边滩，走走停停，寻找泥洞中的螃蟹，然后用长而弯的嘴将螃蟹从洞中捉出吃掉，也吃沙蚕等无脊椎动物，有时也会与其他鸻鹬类混群活动。迁徙时常结成大群。
分　布	国内在东部大部分地区都有分布，为旅鸟；在东南沿海地区有少量越冬个体。国外见于欧洲北部、亚洲北部、东南亚地区、澳大利亚。
最佳观鸟时间及地区	春、秋季：东部沿海。

白腰杓鹬 [白腰鹬（**Qú**）喽儿, 大勺鹬, 构捞, 麻鹬]

Eurasian Curlew; *Numenius arquata*

嘴长为头长的3倍，向下弯曲明显

腰部白色

沈越·摄

栖息地: 各类湿地。 全长: 600mm

识别要点	大型涉禽，雌雄相似，通体灰褐色并布满深色斑纹，腰部的白色飞行时清楚可见，嘴长为头长的3倍，向下弯曲明显。
生态特征	栖息在各类湿地。冬季常集小群。性机警，常边觅食边抬头观望，喜食软体动物、小鱼、其他昆虫等，常将嘴插入泥中探觅食物。
分　布	分布于我国除贵州外各地，东北地区为夏候鸟，越冬在南方。迁徙经过我国大部分沿海地区。国外分布于欧亚大陆的高纬度地区，越冬在非洲、欧亚大陆的中低纬度地区。
最佳观鸟时间及地区	全年：除贵州外各地的相关湿地寻找。

171

大杓鹬 · Far Eastern Curlew; *Numenius madagascariensis*

嘴极长而弯曲，
下嘴基粉红色

张锡贤·摄

栖息地：海域滩涂、沼泽。　　　　　　　　　　全长：630mm

识别要点	体形很大的杓鹬。上体灰褐色，满布深褐色斑纹，下体颏、喉和前颈灰褐色，缀以褐色细纵纹，余部皮黄色，两胁具灰褐色粗纵纹。嘴极长而弯曲，大部黑色，下嘴基粉红色，脚蓝灰色。
生态特征	似中杓鹬，较多时间单独活动，偶尔也会与其他种类杓鹬混群。
分　布	国内在东部大部地区都有分布，为旅鸟。国外见于东北亚、大洋洲。
最佳观鸟时间及地区	春、秋季：东部沿海。

172

鹤鹬   Spotted Redshank; *Tringa erythropus*

嘴长而直

下嘴基红色

陈建中 摄

栖息地：沿海滩涂、内陆河流、湖泊、鱼塘边滩，沼泽地带。   全长：300mm

识别要点	中等体形。繁殖羽黑色，杂以浅灰色细纹和横斑，在腰部两侧和尾羽浅灰色斑纹较粗；冬季周身青灰色，具较为明显的白色眉纹，翅飞羽和尾羽色较深，白色斑点不甚明显。嘴长而直，黑色，下嘴基红色；脚橙红色。
生态特征	喜结群活动觅食，在沿海滩涂、内陆河湖边滩行走觅食泥土中的无脊椎动物，也会站在水中甚至半浮在水面将头扎入水中用长嘴觅食水底的食物。繁殖期在水边地面上营巢。
分　　布	国内在新疆西北部有夏候鸟群体，东北至西南以东大部分地区都有都有分布，为旅鸟；在东南、华南沿海有部分越冬群体。国外见于欧洲、非洲、南亚、东南亚地区。
最佳观鸟时间及地区	春、秋季：全国。

173

红脚鹬 Common Redshank；*Tringa totanus*

嘴端黑，基部红色

脚橘黄色

陈建中·摄

栖息地：沿海滩涂、内陆河流、湖泊、鱼塘边滩，沼泽地带。　　全长：280mm

识别要点	外形与鹤鹬相似但稍小，繁殖羽羽色偏褐色，下腹和尾下覆羽偏白；非繁殖羽淡灰褐色，无白色眉纹，而具不甚明显的白色眼圈。嘴先端黑而基部红色；脚橘黄色。
生态特征	单独或结小群活动，也常与其他鸻鹬类混群活动，在湿地滩涂觅食湿泥中的无脊椎动物、昆虫等。繁殖期在水域周围地面上营巢。
分　　布	全国范围内都有分布，在青藏高原、内蒙古东部、新疆北部为夏候鸟；长江以南地区为冬候鸟，其他地方多为旅鸟。国外见于欧亚大陆北部、东南亚、非洲、澳大利亚。
最佳观鸟时间及地区	春、秋季：全国；冬季：华南。

174

嘴细而直，黑色

张锡贤·摄

栖息地：湖泊、池塘、沼泽、沿海滩涂。　全长：230mm

识别要点	中等体形，繁殖羽上体羽青褐色，下背、腰和尾上覆羽白色，且尾上覆羽具暗色斑纹；两翅和尾羽色较深；下体白色，体侧两胁缀黑褐色斑纹。非繁殖羽颜色更浅，下体少斑纹。嘴细而直，黑色；脚灰绿色。
生态特征	多结成2～3只的小群活动，迁徙季节也会结大群。栖息于水域湿地岸边，主要取食无脊椎动物，繁殖期在地面营巢。
分　布	国内分布很广，在东北西北部地区繁殖，其他地方多为旅鸟。
最佳观鸟时间及地区	春、秋季：全国。

青脚鹬   Common Greenshank; *Tringa nebularia*

嘴端黑，其条灰色

陈建中·摄

栖息地：沿海和内陆的河流湖泊边滩，河口、泥滩。   全长：320mm

识别要点	体形较大的鹬类，繁殖羽上体灰褐色，羽缘浅灰，具深褐色羽干纹和横斑；翅飞羽和尾部横斑近黑色；下体白色，喉胸部具深褐色纵纹，两胁具褐色斑点。非繁殖羽羽色偏浅灰。嘴灰色，嘴端黑，嘴形长且显粗壮，略微上翘；脚黄绿色。
生态特征	单独或结小群活动，在沼泽浅滩、河湖岸边行走觅食，食物包括小型无脊椎动物等。受惊吓起飞后常发出响亮悦耳的"嘀-嘀-嘀"叫声。
分　布	全国范围都有分布，在北方地区为旅鸟，南方为冬候鸟。国外见于欧亚大陆北部，非洲南部、印度、东南亚、澳大利亚。
最佳观鸟时间及地区	春、秋季：全国；冬季：华南。

白腰草鹬   Green Sandpiper; *Tringa ochropus*

白色眉纹与白眼圈相连

陈建中·摄

栖息地：水田、河流湖泊边滩、水库岸边等各种浅水生境。　　　　全长：230mm

识别要点	小型鹬类。雌雄同色。上体绿褐色杂有白色点斑，腰部白色，飞行时非常易见，尾端有黑色横斑。眼上具短的白色眉纹，与白色眼圈相连，但不延至眼后。下体白色。
生态特征	常常单独活动，多在湖泊边滩、河流、池塘岸边行走觅食，喜上下颠尾，特别是刚刚飞落的时候这一动作尤为明显。
分　　布	见于我国各省。繁殖于欧亚大陆北部，在我国多为旅鸟和冬候鸟。在非洲、东南亚和大洋洲越冬。
最佳观鸟时间及地区	秋、冬春季：东北以南大部。

177

具长的白色眉纹

赵超·摄

栖息地：开阔水域岸边、沼泽草地、河滩、水田、沿海滩涂。   全长：210mm

识别要点	与白腰草鹬相似，但显得较纤细，头部具长的白色眉纹，身上的斑纹较细而密，下体灰色纵纹明显。嘴黑色，脚黄绿色。
生态特征	常结群活动，在多泥的浅滩行走觅食，也会与其他涉禽混群，取食水生昆虫，小无脊椎动物。繁殖期在沼泽草丛地面营巢。
分　布	全国范围都有分布，在东北最北部为夏候鸟，在华南、东南沿海有少量越冬，其他地方为旅鸟。国外分布于欧亚大陆被捕，非洲、印度、东南亚和澳大利亚。
最佳观鸟时间及地区	春、秋季：全国。

178

嘴长而微上翘

陈建中·摄

栖息地：沿海滩涂、较大河流河口、湖泊等水域岸边沙滩。   全长：230mm

识别要点	体形较小，整个身体较矮。上体灰褐色，具深褐色羽干纹和浅灰色羽缘，头部具不十分明显的白色眉纹和黑色贯眼纹；翅飞羽黑褐色，尾羽灰褐色；下体颏喉部白色，微具灰褐色条纹，胸侧灰褐色深褐色纵纹，余部白色。嘴长而上翘，黑色，嘴基黄色；脚橘黄色。
生态特征	常单独或结小群活动，在沿海滩涂、河口地区活动，也会与其他鸻鹬类涉禽混群觅食，食物主要为各种无脊椎动物。繁殖期在地面营巢。
分　布	国内在东部沿海地区和西部新疆、云南等地有分布，为旅鸟。国外见于欧亚大陆北部、非洲东部、东南亚、澳大利亚。
最佳观鸟时间及地区	春、秋季：东部沿海。

179

矶（Jī）鹬 　　Common Sandpiper; *Actitis hypoleucos*

下体与翼角交界处有一道白色斑纹

赵超 · 摄

栖息地：平原至低海拔山区的水域岸边、沼泽草地、河滩、水田、沿海滩涂。

全长：200mm

识别要点	体形较小，上体羽橄榄褐色，头部具白色眉纹，尾羽橄榄褐色，缀黑褐色横斑，外侧尾羽白色，具黑斑；翅飞羽基部白色，展翅后形成白色翅斑十分明显；下体羽白色，在与翼角交界的地方有一道白色斑纹。嘴灰色，脚橄榄绿色。
生态特征	单独或结小群活动，在水源边、沼泽草地或水田中活动觅食，繁殖期在地面营巢。
分　　布	全国范围都有分布，国内在东北、华北北部、新疆西北部为夏候鸟，长江以南地区为冬候鸟，其他地方为旅鸟。
最佳观鸟时间及地区	春、秋季：东部地区。

180

灰尾漂鹬（灰尾鹬、黄足鹬）

Grey-tailed Tattler; *Heteroscelus brevipes*

眼先暗色

脚较短，铬黄色

沈越·摄

栖息地：繁殖期在山地砂石河岸，非繁殖期在海岸、海滨滩涂及河口。	全长：260mm

识别要点	小型涉禽，雌雄相似，眉纹近白色，眼先暗色。上体褐灰色，下体偏白色具细密的灰色横纹，嘴黑色，脚较短，铬黄色。
生态特征	繁殖期在山地砂石河岸地带，非繁殖期在海岸、海滨沙岸、泥岸滩涂及河口地带。常单独或成松散小群活动，休息时喜在潮间带的上部，停歇在堤坝或树上。主要水生昆虫、软体动物、小鱼等。
分　布	我国东北、华北、华东、华南等地区，为旅鸟。在海南和台湾越冬。国外繁殖分布于西西伯利亚北部、东西伯利亚东部。越冬在东南亚、澳大利亚沿海地区。
最佳观鸟时间及地区	春、秋季：参考上述分布地区，海滩及河口等相关湿地。

翻石鹬 　　　　　Ruddy Turnstone; *Arenaria interpres*

头胸部黑白相间

陈建中·摄

栖息地: 沿海滩涂、沙滩、岩石海岸，有时也见于内陆湖泊边滩。　　全长: 230mm

识别要点	中等体形，脚短，身体显得较矮。繁殖期头胸部黑白斑纹相间，特征明显，背部、双翅棕色，具黑色条纹，下体余部白色。非繁殖期整体较暗淡，偏灰色。嘴短而尖、黑色，脚橘黄色。
生态特征	结小群在海滨泥滩、岩石海岸上活动，行走快速，常翻动砾石寻找甲壳类动物为食。较少与其他涉禽混群。
分　　布	主要见于我国东部地区，大部分为旅鸟，在东南沿海有部分越冬群体。国外见于北半球偏北地区，南美洲、非洲、东南亚和澳大利亚。
最佳观鸟时间及地区	春、秋季：东部地区。

嘴黑色

非繁殖羽时，上体转为棕褐色，胸部具细密均匀的棕色点斑

脚灰绿色

沈越·摄

栖息地：滨海及滩涂、河口等湿地。   全长：300mm

识别要点	小型涉禽，雌雄相似，整体看是灰黑色的大型滨鹬，繁殖羽上体羽色浓重，胸部有大面积的黑色斑纹。非繁殖羽时，上体转为棕褐色，胸部具细密均匀的棕色点斑。嘴黑色，脚灰绿色。
生态特征	栖息在海滨的滩涂、河口等多种湿地，迁徙时也成群出现在开阔的河流及湖泊沿岸地带。喜食软体动物、昆虫等小型无脊椎动物，常将嘴插入泥中探觅食物。
分　布	我国的东部和北部各沿海省份及台湾为旅鸟。于东南部沿海及海南越冬。国外繁殖分布于西伯利亚东部，越冬于亚洲南部和澳大利亚沿海地区。
最佳观鸟时间及地区	春、秋季：东部沿海地区的海滨及河口地区，辽宁盘锦、丹东春季可集大群。

红腹滨鹬

Red Knot; *Calidris canutus*

上腹棕红色

陈建中·摄

栖息地: 沿海滩涂、河口。

全长: 240mm

识别要点	繁殖期上体从头顶至尾褐色，杂以棕色和浅灰色斑点和细纹。眉纹棕色，下体颏、喉至上腹棕红色，颈侧、两胁杂以褐色横斑，下腹至尾下覆羽污白色，具褐色斑点。非繁殖期上体灰褐色，下体近白具深色纵纹。嘴黑色，脚黄绿色。
生态特征	常结大群活动，也与其他涉禽混群，在沿海滩涂栖息觅食。觅食时低头嘴快速下啄。取食无脊椎动物、昆虫等。活动敏捷，飞行快速。
分　布	国内分布于东部沿海地区，为旅鸟，华南沿海有部分冬候鸟。国外见于北极圈内、美洲南部、非洲、印度次大陆、澳大利亚。
最佳观鸟时间及地区	春、秋季：东部沿海。

184

红颈滨鹬 — Rufous-necked Stint; *Calidris ruficollis*

前颈棕红色

陈建中·摄

栖息地: 沿海滩涂、沼泽湿地、河湖岸边。　　全长: 150mm

识别要点	繁殖期上体灰褐色斑驳，具黑褐色羽干纹和浅色羽缘，额基、嘴基后部皮黄色，脸侧、前颈、颈侧棕红色。尾羽黑褐色，外侧尾羽淡褐。翅飞羽黑褐色，羽缘棕色。下体胸腹部白色，胸侧和两胁具褐色斑纹。非繁殖期上体偏青灰色。嘴和脚黑色。
生态特征	结大群活动，在沿海滩涂栖息觅食，活动敏捷，时而行走、时而小跑。取食无脊椎动物、昆虫等。
分　布	在我国东部及中部地区常见，为旅鸟，华南和东南沿海有部分为冬候鸟。国外见于西伯利亚、东南亚地区、澳大利亚。
最佳观鸟时间及地区	春、秋季: 东部沿海。

青脚滨鹬　　Temminck's Stint; *Calidris temminckii*

陈建中·摄

栖息地：沿海和内陆的沼泽湿地、河湖岸边。　　全长：150mm

识别要点	繁殖期头、颈、胸部、上体青褐色，具深褐色羽干纹，肩背部和双翅的黑色羽干纹粗大，翅上覆羽羽缘浅棕色，外侧尾羽纯白。头部眉纹不甚显著，棕白色，在眼前区域较为明显，眼先黑褐色。下体白色，颈侧、胸部灰褐色。非繁殖期身体青灰色，斑纹不十分明显。嘴黑色，脚黄绿色。
生态特征	结群活动，常与其他涉禽混群。在水域岸边觅食软体动物、昆虫等。
分　布	全国范围都有分布，大部分为旅鸟，东南沿海有部分越冬群体。国外见于欧亚大陆北部、非洲、中东、印度、东南亚。
最佳观鸟时间及地区	春、秋季：东部沿海。

白色眉纹较明显

颏喉部白色

沈越·摄

栖息地：沿海和内陆的湿地滩涂、小池塘、稻田。　　全长：150mm

识别要点	繁殖期上体棕褐色，具黑色羽干纹，肩背和翅膀黑色羽干纹较粗，羽短具浅灰白色斑；腰部中央和尾羽深褐色，外侧尾羽浅褐色；头部白色眉纹较明显；下体颏喉部白色，前颈、胸部灰色，具深褐色纵纹；腹部以下白色，两胁微具褐色纵纹。非繁殖羽色灰褐。嘴黑色；脚黄绿色。
生态特征	单独或结小群活动，常与其他涉禽混群，非繁殖期集大群，不甚畏人。在湿地滩涂觅食无脊椎动物、昆虫等，偶尔吃植物种子。
分　布	国内从东北至西南以东地区都有分布，为旅鸟，华南沿海少数地区有越冬种群。国外见于西伯利亚、印度、东南亚、澳大利亚。
最佳观鸟时间及地区	春、秋季：东北至西南以东地区。

尖尾滨鹬 Sharp-tailed Sandpiper; *Calidris acuminata*

粗的黑褐色"V"形斑纹

陈建中·摄

栖息地：沿海滩涂，湿地沼泽、稻田、湖泊岸边等。　　全长：190mm

识别要点	繁殖期上体头顶、肩背棕褐色，具深褐色羽干纹，羽缘浅灰；头部白色眉纹较显著；翅和尾黑褐色，羽缘棕褐色或浅灰色；下体颏喉至胸部浅棕色，具褐色细纵纹和横斑，余部白色，满布粗的黑褐色"V"形斑纹。非繁殖期整体羽色变浅。嘴黑色，嘴基褐色；脚黄绿色。
生态特征	结群活动，常与其他涉禽混群。觅食软体动物、昆虫，也吃部分植物种子。
分　　布	国内见于东北和东部沿海地区，为旅鸟。国外见于西伯利亚，向南远至澳大利亚。
最佳观鸟时间及地区	春、秋季：东北和东部沿海地区。

188

弯嘴滨鹬 Curlew Sandpiper; *Calidris ferruginea*

嘴较长，稍向下弯曲

陈建中·摄

栖息地：沿海滩涂，近海湿地沼泽、稻田、湖泊、鱼塘岸边。 全长：200mm

识别要点	繁殖期身体大部棕褐色，上体肩背和翅上覆羽具浅色羽端和黑褐色斑点，尾上覆羽白色，飞行时尤为明显。翅飞羽黑褐色，羽缘浅灰或浅棕色。头部眉纹白色，不十分明显。下体颏、喉部白色，前颈、胸、腹部栗褐色，羽缘浅棕。尾下覆羽白色，具褐色横斑。非繁殖期整体青灰色。嘴较长，稍向下弯曲，黑色，脚黑色。
生态特征	结群活动，常与其他涉禽混群。觅食软体动物、昆虫、蠕虫、环节动物等，也吃部分植物种子。
分　　布	国内见于东北和东部沿海地区，为旅鸟，有部分在华南南部沿海地区为冬候鸟。国外见于西伯利亚，非洲、中东、澳大利亚等处。
最佳观鸟时间及地区	春、秋季：东部沿海。

黑腹滨鹬　　Dunlin; *Calidris alpine*

腹部黑褐色

陈建中·摄

栖息地：沿海和内陆的湿地滩涂。　全长：190mm

识别要点	繁殖期上体棕褐色，杂以深褐色纵纹或点斑。羽缘浅灰色，翅飞羽黑褐色，羽缘浅灰褐色。中央尾羽黑褐色，外侧尾羽浅褐色近白。脸部具较明显的白色眉纹。下体颏喉部、颈部、上胸浅灰色，具褐色细纵纹。下胸和上腹部黑褐色，下体余部白色。非繁殖期整体偏青灰色，下体无大的黑斑。嘴稍长，略向下弯曲，黑色；脚灰绿色。
生态特征	单独或结小群活动，也会与其他涉禽混群，非繁殖期集大群。在湿地滩涂奔走觅食。取食无脊椎动物、昆虫等。
分　　布	国内在新疆、东北、华北地区为旅鸟，华南、华东、东南地区为旅鸟和冬候鸟。国外见于北美洲、欧亚大陆。
最佳观鸟时间及地区	春、秋季：东部地区。

鸥科 Laridae

黑尾鸥 | Black-tailed Gull; *Larus crassirostris*

嘴黄色，尖端红色
具黑色环带

赵超·摄

栖息地：沿海海岸沙滩、悬崖、草地以及邻近的湖泊、河流和沼泽地带。　全长：470mm

识别要点	成鸟繁殖期头、胸、下体白色；肩背部、翅上覆羽和次级飞羽深灰色，次级飞羽羽缘白色，飞羽黑色，羽端具白斑。腰和尾羽白色，尾羽具宽阔的黑色次端斑。嘴黄色，尖端红色具黑色环带，脚绿黄色。非繁殖期枕部具灰色点斑。亚成鸟整体偏褐色。
生态特征	结群活动于各种水域生境，时而在空中飞翔，时而落入水中捕捉鱼虾，也会游荡在水面上。食物主要为鱼、虾，也吃昆虫、小型哺乳动物等。繁殖期在沿海崖壁上集群做巢。
分　　布	国内在山东、福建、辽宁等地的沿海岛屿繁殖，迁徙时见于东部大部分地区，主要在华南和华东沿海越冬，渤海也有一定的越冬群体。国外见于太平洋沿岸地区。
最佳观鸟时间及地区	秋、冬、春季：东部沿海。

肩羽和次级飞羽具宽阔的白端斑

陈建中·摄

栖息地：沿海、水库、鱼塘、湖泊等开阔水域生境。　　　　全长：450mm

识别要点	成鸟繁殖期全身均为白色，仅在背肩部呈灰蓝色，外侧飞羽黑色，羽端具白斑，肩羽和次级飞羽具宽阔的白端斑，嘴和脚黄绿色；非繁殖期头颈部具褐色细纹，有时嘴端有黑色。
生态特征	栖息于开阔水域，集群活动，在水中捕食鱼虾，也吃昆虫和其他小动物。繁殖期在地面营巢。
分　布	国内除宁夏、青海、新疆、西藏、贵州外见于各地，北方多为旅鸟，在南方为旅鸟和冬候鸟。国外见于欧洲、亚洲、北美洲西部。
最佳观鸟时间及地区	春、秋季：北方或南方沿海地区；冬季：南方沿海地区。

成年繁殖期羽色非常浅，除翅膀浅蓝灰色外，余部白色

关翔宇·摄

栖息地：沿海水域。　　　　　全长：710mm

识别要点	大型鸥类，身体粗壮。成年繁殖期羽色非常浅，除翅膀浅蓝灰色外，余部白色。非繁殖期头颈部稍具浅褐色点斑。亚成鸟身体具浅褐色点斑。幼鸟第一年越冬嘴基粉色，下嘴端黑色，第二年越冬嘴黄色，下嘴端带小红点，脚暗粉色。
生态特征	单独或集群活动，在海岸线附近活动、觅食，食性杂，吃鱼、贝类、其他小动物，也常会到垃圾场翻找食物。
分　布	国内见于华北东部、华东地区，为不常见的冬候鸟。国外见于北极附近、北美洲、日本等地。
最佳观鸟时间及地区	冬季：华北东部及华东沿海地区。

西伯利亚银鸥 Siberian Gull; *Larus vegae*

陈建中·摄

栖息地：沿海和内陆水域、草原、沼泽。　全长：620mm

识别要点	大型鸥类，身体粗壮。大部白色，上体灰色。三级飞羽和肩部具宽的白色月牙状斑，外侧初级飞羽前部黑色，且具白色端斑。冬羽头和后颈具褐色纵纹。亚成鸟偏褐色，周身斑驳。虹膜淡黄色，嘴黄色，下嘴尖端具红色斑，脚粉红色。
生态特征	常结群活动，也会与其他鸥类混群。在沿海和内陆水域飞行或游泳觅食。食性杂，主要取食鱼、虾、无脊椎动物，还会捕捉鼠类等小型哺乳动物。
分　布	国内见于东北和东部沿海大部分地区，为旅鸟和冬候鸟。国外见于西伯利亚。
最佳观鸟时间及地区	春、秋季：东部沿海。

红嘴鸥　Black-headed Gull; *Larus ridibundus*

嘴暗红色

赵超·摄

栖息地：池塘、湖泊、河流、近海水域等较开阔生境。　全长：400mm

识别要点	成鸟繁殖期头颈部黑褐色，眼后部具白色眼圈，肩背部青灰色，第一枚飞羽白色，具黑色先端和边缘，外侧飞羽黑色，内侧飞羽暗灰色而端白。嘴和脚暗红色。非繁殖期头部转为白色，耳羽具黑斑。幼鸟身体斑驳，多褐色且尾羽具黑褐色次端斑。
生态特征	栖息于大型水面，常在水面游泳觅食，也会从空中俯冲叼取水面上的鱼虾，食物主要为鱼、虾、昆虫，也吃小型哺乳动物。繁殖期集群营巢于水中小岛或草地上。
分　布	国内各处均有分布，在东北北部和西北北部地区为夏候鸟，长江以南地区多为冬候鸟，其他地区为旅鸟和冬候鸟。国外见于欧洲、亚洲。
最佳观鸟时间及地区	秋、冬、春季：全国大部。

黑嘴鸥   Saunders's Gull; *Larus saundersi*

嘴短，黑色

沈越·摄

栖息地：近海水域、滩涂、河口、湖泊。　　全长：330mm

识别要点	繁殖羽和非繁殖羽都似红嘴鸥，但体形较小，站立时显得颈部较短，头部黑色，与白色的眼圈对比十分明显，初级飞羽合拢时呈黑白相间状。嘴短、黑色，脚暗红色。
生态特征	数量稀少，全球近危。多活动于海域附近，较少游泳，一般都是从空中飞行落下捕捉螃蟹和其他蠕虫，飞行快速轻盈。繁殖期在盐碱滩涂地面上营巢。
分　布	国内主要见于东部沿海地区，在辽宁、河北、山东、江苏盐城等少数沿海地区繁殖，东部沿海其他地方多为旅鸟和冬候鸟。国外见于韩国、日本沿海地区。
最佳观鸟时间及地区	夏季：辽宁盘锦；秋、冬、春季：东部沿海。

| 遗鸥 | Relict Gull; *Larus relictus* |

眼圈白色区域较大

赵超·摄

栖息地：繁殖期栖息于开阔平原和荒漠与半荒漠地带的盐碱湖，越冬于沿海水域滩涂。

全长：450mm

识别要点	中等体形的鸥，成鸟似红嘴鸥，但体形稍大，且显得粗壮，站立时姿态挺拔，粗壮的颈、胸部显得突出，头部深色区域黑色，眼圈白色区域较大，翅膀合拢时初级飞羽呈黑白相间状，飞行时初级飞羽黑色区域内有一较大的白色斑块，嘴和脚都较红嘴鸥的更红，且粗壮。
生态特征	数量稀少，全球近危。多活动于近海水域和内陆盐碱湖。常集群游荡于水边觅食，主要取食鱼、虾、昆虫等。繁殖期在内陆湖心岛地面上集群营巢。
分　布	国内在内蒙古西部鄂尔多斯高原和内蒙古中部及东部为夏候鸟，在渤海、黄海沿海地区为冬候鸟和旅鸟。
最佳观鸟时间及地区	夏季：内蒙古 鄂尔多斯、达里诺尔；秋、冬、春季：渤海沿岸。

197

燕鸥科 Sternidae

普通燕鸥 | Common Tern；*Sterna hirundo*

尾羽深叉状

赵超·摄

栖息地：内陆湖泊、河流、水库、沼泽、沿海水域。 | 全长：350mm

识别要点	成鸟繁殖期头顶之后颈黑色，上体大部暗灰色，腰和尾上覆羽白色；尾羽深叉状，白色，外侧尾羽外缘偏灰；翅飞羽暗灰色；下体灰白色。非繁殖期额和头顶污白色。幼鸟上体偏褐色。嘴黑色，夏季嘴基红色；脚橙红色。
生态特征	常活动于近海水域，多在水域上空飞翔，寻觅水中的猎物，一旦发现急冲而下，用嘴将猎物叼走然后飞离水面，不游泳。食物为鱼、虾、水生昆虫。繁殖期在沼泽湿地中营巢。
分　布	国内在东北、华北、华中、西北北部地区为夏候鸟和旅鸟，华东、东南沿海为旅鸟。国外见于各大洲。
最佳观鸟时间及地区	春、夏、秋季：北方大部；秋、冬、春季：南方地区。

白额燕鸥

额白色

陈建中·摄

栖息地：近海水域滩涂、内陆沼泽、湖泊。 全长：240mm

识别要点	体形较小的燕鸥，头的比例显得较大。成鸟繁殖期头顶至后颈黑色，额部白色，上体灰色，尾羽白色；翅外侧飞羽黑褐色，内侧飞羽灰色，下体白色。非繁殖期头顶黑色，杂以白色点斑。繁殖期嘴黄色，嘴端黑色，非繁殖期嘴黑色，脚黄色。
生态特征	栖息于较大的水域沼泽，捕食鱼、虾、小无脊椎动物、水生昆虫等。繁殖期在水域附近草丛、地面上营巢。
分　布	国内见于东北至西南地区以东大片地区和新疆北部，为夏候鸟和旅鸟。国外见于除南美洲外的各大洲。
最佳观鸟时间及地区	春、夏、秋季：东部地区。

灰翅浮鸥　　　　　　　　Whiskered Tern; *Chlidonias hybrida*

下体暗灰色

陈建中·摄

栖息地：沿海和内陆的开阔水域、水田、湖泊、河流等。　　全长：250mm

识别要点	成鸟繁殖期前额经眼至后颈黑色，颊和耳区白色，上体灰色，翅尖长，尾较短，呈叉状，灰色。翅飞羽灰褐色，下体暗灰色，腹部近灰黑色。非繁殖期头部白色头顶缀黑色斑纹，下体灰白色。嘴和脚红色。
生态特征	结小群活动，在较开阔的水域上空飞行觅食，冲入水中或低空掠过捕捉水中的鱼虾，水生昆虫，也吃蝗虫等。繁殖期在水边地面上营巢。
分　布	国内在东部地区适合生境都有分布，为夏候鸟。国外见于欧洲南部、非洲南部、亚洲东部、南部及澳大利亚。
最佳观鸟时间及地区	春、夏、秋季：东部地区。

白翅浮鸥 White-winged Black Tern; *Chlidonias leucopterus*

翅浅灰色

陈建中·摄

栖息地：沿海水域、河口、内陆湖泊、池沼、稻田等有水生境。　全长：230mm

识别要点	成鸟繁殖期除飞羽和尾羽外都为黑色，尾羽白色，翅浅灰色，翅上覆羽近白，外侧飞羽灰黑色，内侧飞羽白色，飞翔的时候与黑色体羽对比十分明显，嘴红色，脚橙红。非繁殖期上体灰色，头部白色杂以黑斑，下体白色，嘴黑色。
生态特征	活动于沿海和内陆的水域生境，常以小群活动，在水面上空飞翔，发现猎物后低飞掠过水面捕捉小鱼虾，也会在空中飞捕昆虫，不游泳，休息时常静立于水中渔网、竹竿等突出物上。繁殖期在水边地面上营巢。
分　　布	国内在东北、华北北部、新疆北部为夏候鸟，华北、华中和华南地区为旅鸟，在东南沿海地区为冬候鸟。国外见于欧洲南部、中亚、俄罗斯、非洲南部、澳大利亚。
最佳观鸟时间及地区	春、夏、秋季：东部地区。

201

鸽形目

COLUMBIFORMES

小型或中型鸟类。嘴短，基部大都较软，嘴基具隆起的蜡膜。

翅长而尖或圆，飞翔迅速。

脚短健，善行走。

雌雄相似，雏鸟早成或晚成。

有的可由嗉囊分泌乳状物育雏。

鸠鸽科Columbidae

原鸽（野鸽子） | Rock Pigeon; *Columba livia*

翅上具两道宽阔横斑

王传波·摄

栖息地：栖息于多山崖的山区，城市等人类建筑环境也有分布。 | 全长：320mm

识别要点	中等体形，整体蓝灰色，形似家鸽。颈部、胸部闪紫绿色金属光泽。翅上具2道黑色宽阔的横斑，腰部浅灰色，尾具黑色宽的端斑。嘴铅褐色，具白色鼻瘤，脚深红色。
生态特征	结群活动，常在空中盘旋飞行，多活动于崖地生境，但也很容易适应城市及庙宇周围的环境。取食植物种子、谷物等。为家养鸽子的原祖。
分　布	国内见于新疆西部、西藏南部、青海、甘肃、陕西、内蒙古、河北北部等地，为留鸟。国外见于印度次大陆及东南亚地区。
最佳观鸟时间及地区	全年：新疆乌鲁木齐、宁夏贺兰山、内蒙古西部。

岩鸽（野鸽子）　　Hill Pigeon；*Columba rupestris*

尾羽中部具白色横斑带

栖息地：栖息于多悬崖的山区，冬季也见于山谷和平原地区。　全长：330mm

赵越·摄

识别要点	头、颈、前胸和背部青灰色，颈部闪绿紫色金属光泽。翅上具两道黑色宽阔的斑纹，腰部白色。尾羽先端黑色，尾羽中部具白色横斑带，基部灰色。嘴黑色，鼻瘤肉色，脚红色。
生态特征	栖息在有岩石和峭壁的地方，常结群于山谷或飞至平原觅食，也到住宅附近活动。鸣声与家鸽相似，取食植物种子和农作物，喜食玉米、高粱、小麦等。繁殖期在岩缝中、峭壁的缝隙中、建筑物的洞穴中或屋檐下营巢。
分　布	在我国长江以北地区都有分布，东北地区为夏候鸟，其他地方为留鸟。国外见于喜马拉雅山脉和中亚地区。
最佳观鸟时间及地区	夏季：东北；全年：华北、西藏、西南地区。

204

颈侧具黑白相间的块状斑

赵超·摄

栖息地：栖息于山区和平原的较开阔的农田、村落、林缘生境。　　全长：320mm

识别要点	中等体形的斑鸠。头、颈灰色，颈侧具黑白相间的块状斑。上背黑褐色，羽缘栗色，下背、腰呈暗灰蓝色，尾上覆羽黑褐色。尾羽黑褐色，尾羽端和最外侧尾羽浅蓝灰色。下体在喉部、胸部粉棕色，腹部偏粉，尾下覆羽灰蓝色。嘴灰褐色，脚暗紫红色。
生态特征	常成对或结小群活动，在地面行走觅食，取食植物种子、果实和嫩芽，直线飞行快速。繁殖期在树枝杈间做巢，产卵2枚，双亲共同抚养雏鸟。
分　布	国内除西部少数地区外都有分布，在东北北部为夏候鸟，其他地方为留鸟。国外见于西伯利亚、朝鲜、日本、印度及东南亚地区。
最佳观鸟时间及地区	全年：全国。

205

半月状的黑色领环

张永·摄

栖息地：低山和平原地区的农田、村落附近。　　　　全长：320mm

识别要点	中等体形，周身褐灰色，最明显的特征是后颈基部具一道半月状的黑色领环，飞羽黑褐色。嘴黑褐色，脚暗粉红色。
生态特征	习性与其他斑鸠相似，喜结小群活动，取食植物种子、果实和嫩芽，秋收季节常聚集到农田中取食庄稼。平时常停落在村落附近电线上。繁殖期在树上筑巢。
分　布	国内见于新疆西部、华北、东北南部、华东地区，为留鸟。国外见于欧洲和中亚地区。
最佳观鸟时间及地区	全年：新疆西部、华北、东北南部、华东。

珠颈斑鸠（珍珠鸠，花斑鸠，花脖斑鸠，斑鸠）

Spotted Dove; *Streptopelia chinensis*

黑色领圈上具白色斑点

张瑜·摄

栖息地：栖息于山区、丘陵和平原地区的较开阔的农田、村落、林地生境，在城市园林、居民区绿化地区中也有分布。

全长：300mm

识别要点	与山斑鸠相似，但略小，且整体偏粉褐色。头灰褐色，后颈具黑色领圈，羽端具白色点状斑。上体粉褐色，中央尾羽暗粉褐色，外侧尾羽绒黑色，羽端具宽阔的白色斑。下体在喉、胸部呈葡萄红色，腹部羽色逐渐变浅，尾下覆羽浅灰色。嘴黑色，脚暗红褐色。
生态特征	成对或结小群活动，在地面觅食。食物主要为各种植物种子、果实、嫩芽，谷物等。繁殖期在树上筑巢，近来随着城市化程度的增强，许多在城市居住的珠颈斑鸠选择了在空调支架上筑巢繁殖。
分　　布	国内在河北以南地区都有分布，在各地均为留鸟。国外见于东南亚各地。
最佳观鸟时间及地区	全年：华北以南各地。

鹦形目
PSITTACIFORMES

嘴短钝，先端具利钩。

脚短，对趾足，爪强健具钩。

羽毛相对稀、硬，具有闪光，大多带有红、绿色泽。

雌雄相似，雏鸟晚成。

鹦鹉科 Psittacidae

绯胸鹦鹉（鹦哥） Red-breasted Parakeet; *Psittacula alexandri*

黑色髭纹

栖息地：中低海拔的山地、丘陵林地。　　　　　　　　全长：340mm

识别要点	头部脸颊蓝灰色，眼先黑色，具明显的黑色髭纹。枕部、后颈至肩背、两翅绿色，尾羽蓝绿色。胸和上腹粉红色，下腹和尾下覆羽绿色。雄鸟上嘴红色，下嘴黑色。雌鸟上嘴黑色，下嘴褐色。脚灰色。
生态特征	集群活动，性喧闹，以坚果、浆果、嫩枝芽、谷物、种子等为食。繁殖期营巢于树洞中。
分　布	国内见于西藏东南部、云南、广西西南部和海南，在香港和广东东南部城市也有少量个体，可能是笼养逃逸个体。国外见于印度和东南亚。
最佳观鸟时间及地区	全年：云南西双版纳、西藏林芝、广西大新、海南。

鹃形目

CUCULIFORMES

脚短小，对趾足。

雌雄相似，雏鸟晚成。

树栖性种类多具巢寄生特点，地栖性种类都自营巢繁殖。

食物以昆虫为主。

杜鹃科Cuculidae

大鹰鹃（顶水盆儿） | Large Hawk Cuckoo; *Cuculus sparverioides*

沈越·摄

| 栖息地：较为开阔的山区阔叶林地。 | 全长：400mm |

识别要点	体形较大的杜鹃。外形羽色和鹰相似。头和后颈暗灰色，上体余部及翅上覆羽暗褐色，翅飞羽具棕黑相间的横斑，尾羽淡褐色，具黑褐色横斑。下体在额、喉部灰白色具深色细纵纹，胸部偏棕，腹部白色具黑褐色横纹。虹膜黄色，上嘴黑色，下嘴黄绿色，脚淡黄色。
生态特征	多活动于山区林地，喜单只活动，栖息于山坡树枝上，叫声响亮而略显单调。繁殖期产卵于其他鸟类巢中。
分　布	国内从华北北部至西南以东地区都有分布，为夏候鸟，在海南岛为留鸟。也见于喜马拉雅山脉其他地区及东南亚地区。
最佳观鸟时间及地区	夏季：华北以南各地。

211

四声杜鹃（光棍儿好苦）　Indian Cuckoo; *Cuculus micropterus*

尾羽具宽黑色次端斑

沈越·摄

栖息地：平原和低山森林及次生林地。　全长：300mm

识别要点	与大杜鹃相似，但稍小；下体横斑较粗，也较为稀疏，尾羽具较宽的黑色次端斑。叫声易于分辨，为有规律四声的"布-谷-谷-谷"。虹膜红褐色，上嘴黑色，下嘴偏绿，脚黄色。
生态特征	平时常隐匿于树上，常只闻其声，不见其形。飞行振翅轻盈，捕捉昆虫为食。繁殖期彻夜鸣叫，将卵产在灰喜鹊、卷尾等巢中。
分　布	国内见于东北至西南以东的广大地区，为夏候鸟，在海南为留鸟。国外见于东南亚地区。
最佳观鸟时间及地区	夏季：除青海、西藏、新疆、台湾外各地。

大杜鹃（割谷）　　　Common Cuckoo; *Cuculus canorus*

细黑褐色横斑 →

陈建中·摄

栖息地：多栖息于较开阔林地，尤喜近湿地的林地，也常会光顾苇塘。全长：320mm

识别要点	中等体形。雄鸟头部、上体暗灰色，腰部和尾上覆羽淡灰蓝色。尾羽黑褐色并具白斑。翅飞羽黑褐色，外侧飞羽黑褐色具小的白色斑点。下体在颏、喉和上胸部为淡灰色，余部白色，缀以黑褐色横斑。雌鸟似雄鸟，但偏褐色，也有棕红色型的雌鸟。虹膜黄色，嘴黑褐色，嘴基黄色，脚黄色。
生态特征	常活动于近水域的开阔林地，较隐匿，平时常站立在大树的枝叶间，不易见到，但在繁殖期里叫声容易听到并且十分有特点，为"布谷-布谷"声，也就是民间所说的布谷鸟。飞行振翅速度较快，翅膀长而尖，有些像隼。主要捕食毛虫。繁殖期自己不筑巢，而是将卵产在大苇莺或喜鹊的巢中，让其替自己孵卵育雏。
分　　布	全国范围都有分布，为夏候鸟。国外见于欧亚大陆、非洲和东南亚地区。
最佳观鸟时间及地区	夏季：全国。

鸮形目
STRIGIFORMES

嘴坚强而钩曲，嘴基具蜡膜。

脚强健且被羽，第四趾能向后转动成对趾足，爪锐利。

眼大且前视，多具面盘。

羽毛柔软，飞翔无声，夜行性，善捕鼠。

雌鸟大于雄鸟，雏鸟晚成。

214

鸱鸮科 Strigidae

红角鸮 (Xiāo)（王冈哥）　　Oriental Scops Owl; *Otus sunia*

耳状羽

沈越·摄

栖息地：低山平原地区的林地生境，村落附近、苗圃等地，城市园林也有分布。

全长：190mm

识别要点	小型的猫头鹰。头部两侧具有突出的耳状羽，周身羽毛棕色或棕灰色，且满布深色的细小横斑和纵纹，翅上具有白色的较大的点斑。虹膜黄色，脚肉灰色。
生态特征	昼伏夜出，平常白天隐匿在树的枝叶间很难被发现，主要捕捉大型昆虫为食，偶尔也吃鼠类和小鸟。在天然树洞中筑巢。
分　　布	在国内东北、华北、华中地区为夏候鸟，华南、华东、西南地区为留鸟。国外见于印度次大陆、东南亚、朝鲜、日本等地。
最佳观鸟时间及地区	夏季：东北、华北各地；全年：长江以南地区。

纵纹腹小鸮（刮刮油）　Little Owl; *Athene noctua*

宽阔的褐色纵纹

沈越·摄

栖息地：丘陵荒坡、村落、农田林缘灌丛等地。　全长：230mm

识别要点	小型的猫头鹰。头部显得扁圆而无耳羽簇，眉纹白色较粗，上体褐色，具白色点斑和纵纹，上背的白斑较大，形成不十分著的"V"字形领斑；尾羽沙褐色，具棕白色横斑；翅飞羽褐色具白色点斑；下体棕白色，具宽阔的褐色纵纹。虹膜黄色，嘴灰黄色。
生态特征	通常昼伏夜出，黄昏时候开始活跃起来，偶尔白天也见有活动，多为受惊扰所致。食物主要为鼠类、小鸟、大型昆虫等。繁殖期在天然树洞、石缝中营巢。
分　布	国内见于新疆西部，西南、华中、华北和东北地区，为留鸟。国外见于欧亚大陆大部分地区。
最佳观鸟时间及地区	全年：北方各地。

鹰鸮（鸟猫王，青叶鸮）

Brown Hawk Owl; *Ninox scutulata*

无明显面盘

具深色宽阔的横斑

赵超·摄

栖息地：栖息于山区和平原的林地生境，城市中绿化较好的树林中也有栖息。

全长：300mm

识别要点	中等体形，外形有些像鹰。上体棕褐色，头部色更深，无明显面盘，肩部具白色斑点；尾羽淡褐色，具深色宽阔的横斑；下体白色满布棕褐色粗纵纹。
生态特征	活动于林缘地带，黄昏时分开始活跃，捕捉鼠类，也常追捕小鸟和飞行中的昆虫。繁殖期在天然树洞中筑巢。
分　布	在我国东北至西南一线以东大部分地区都有分布，大部分地方为夏候鸟，在华南、西南地区为留鸟。国外见于印度次大陆和东南亚地区。
最佳观鸟时间及地区	全年：华南、西南；夏季：华北等地。

217

长耳状羽

赵超·摄

栖息地：多栖息于林地生境，尤以针叶林为多。城市园林中也可见到。偶尔也会在灌丛、芦苇丛中休息。

全长：360mm

识别要点	中等体形的鸮类。头两侧张有长的耳状羽，向上竖起十分醒目。头部具棕黄色面盘，两眼内侧羽毛白色，形成非常明显的两个白色半圆斑。上体棕黄色，具黑褐色的羽干纹和白色斑点。翅膀飞羽黑褐色具棕色细横斑，尾羽棕黄具深色横斑和小的矗状斑纹。下体棕黄色具黑褐色粗纵纹。虹膜橙黄色非常醒目。
生态特征	昼伏夜出，白天多站立在大树上缩着脖子闭眼休息，黄昏时分开始活跃起来。主要捕食鼠类，也会捉麻雀、蝙蝠等。繁殖期在树洞中或树干凹陷处筑巢。
分　布	国内几乎全国都有分布，在东北、华北北部为夏候鸟，少量为旅鸟和冬候鸟，新疆西部为留鸟，其他大部分地区为旅鸟和冬候鸟，华南地区为冬候鸟。国外见于北美洲和欧亚大陆。
最佳观鸟时间及地区	冬季：华北以南各地。

218

短耳鸮（小耳木兔，田猫王，短耳猫头鹰）
Short-eared Owl; *Asio flammeus*

耳状羽非常短

陈建中·摄

栖息地：开阔草地、湿地草丛等生境。

全长：380mm

识别要点	与长耳鸮体形相当，外形也十分相似。但耳状羽非常短，只有两个小尖，几乎看不出。体羽比长耳鸮的偏草黄色。虹膜呈柠檬黄色。
生态特征	多在沼泽草丛或平原旷野中活动，昼伏夜出，捕捉鼠类、小鸟和昆虫等。营巢在草丛中地面上。
分　布	在我国东北部为夏候鸟或留鸟，新疆西北部、华中到华东大部分地区都为冬候鸟。国外见于南北美洲和欧亚大陆。
最佳观鸟时间及地区	冬季：全国大部。

219

夜鹰目
CAPRIMULGIFORMES

中型攀禽，夜行性，善于隐蔽。

嘴大，口须发达，飞行无声，善于飞捕昆虫。

后肢短，前三脚趾基部并联，为并趾足。

雌雄相似，地面营巢，雏鸟晚成。

夜鹰科 Caprimulgidae

普通夜鹰（鬼鸟，贴树皮，蚊母鸟，夜燕）

Indian Jungle Nightjar; *Caprimulgus indicus*

通体似枯叶的黑褐色，有深色或白色的虫蠹斑

栖息地：森林、草原、平原等生境。　　全长：280mm

张永·摄

识别要点	中型攀禽，雌雄相似，通体似枯叶的黑褐色，有深色或白色的虫蠹斑。下喉部具白斑。两翅狭长。雄鸟外侧尾羽具白色次端带。嘴黑色，嘴裂很大。脚肉褐色，前三脚趾基部有并联，为并趾足。雌鸟尾羽无白斑。
生态特征	白天栖止在大树的水平树枝或地面枯枝落叶上，夜间在森林、草原、平原、等各种生境的空中飞捕昆虫，常单独飞行活动，飞翔无声。
分　　布	在我国繁殖、分布于东部的大部地区，迁徙时也见于海南、台湾。国外繁殖、分布在东亚，越冬在南亚和东南亚地区，或为当地留鸟。
最佳观鸟时间及地区	夏季：参考上述分布地。

221

雨燕目
APODIFORMES

嘴扁短，基部阔。

翅尖长，飞翔疾速，飞捕昆虫。

四趾均可朝前形成前趾足。

唾液腺发达。

雌雄相似，雏鸟晚成。

雨燕科 Apodidae

普通雨燕（北京雨燕，楼燕）

Common Swift; *Apus apus pekinensis*

额及喉部
灰白色

通体黑褐色

沈越·摄

栖息地：森林、草原、平原、荒漠、海岸、城镇等各种生境上空。　　全长：180mm

识别要点	小型攀禽，雌雄相似，通体黑褐色，额及喉部灰白色。两翅展开呈镰刀状。深叉形尾，嘴黑色，脚黑褐色，四个脚趾朝前，为前趾足。
生态特征	栖息在森林、草原、平原、荒漠、海岸、城镇等各种生境上空，常成群飞行活动，除繁殖期进入天然洞穴或古建筑物上及其他人工建筑的洞穴外，几乎昼夜不间断地飞行。飞行速度可达110km/h。飞捕昆虫为食。近年北京地区发现立交桥的缝隙或排水孔里也开始有普通雨燕筑巢。
分　布	在我国繁殖的是普通雨燕的北京亚种，繁殖分布于、华北、西北、东北等北方地区。在非洲南部越冬。国外分布的是普通雨燕的指名亚种，繁殖分布于欧亚大陆北部，越冬在非洲地区。
最佳观鸟时间及地区	夏季：北京各古典公园、前门等地。

白腰雨燕

Fork-tailed Swift; *Apus pacificus*

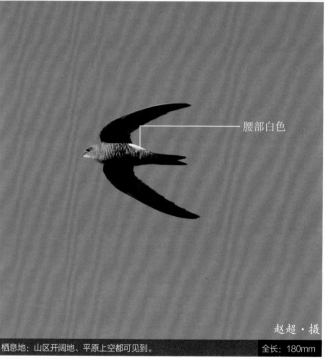

腰部白色

赵超·摄

栖息地：山区开阔地、平原上空都可见到。　　全长：180mm

识别要点	整体黑褐色，下体色稍淡，翅镰刀状，腰部白色。嘴黑色，脚为前趾型，紫黑色。
生态特征	常结大群在山区或水域上空飞翔，飞行快速，在空中捕捉飞虫。繁殖期集群在岩壁上营巢。
分　布	国内在新疆北部、东北、华北、华中、华东地区为夏候鸟和旅鸟，长江以南地区多为留鸟。国外见于西伯利亚、东亚、东南亚、澳大利亚。
最佳观鸟时间及地区	夏季：北方大部；全年：长江以南地区。

224

咬鹃目
TROGONIFORMES

中型攀禽。

嘴短而粗壮，先端具钩。

脚短而弱，异趾足。

翅短圆，尾长而呈楔形。

眼大，四周有一圈鲜艳的裸皮。

雌雄异色，雏鸟晚成。

225

咬鹃科 Trogonidae

红头咬鹃 Red-headed Trogon; *Harpactes erythrocephalus*

头棕红色

赵超·摄

栖息地：低地至海拔2000多米的热带和亚热带森林。　全长：330mm

识别要点	中等体形，身体显得较粗壮。雄鸟头部棕红色，眼周裸皮蓝色。肩、背、尾上覆羽黄褐色。翅飞羽黑色，翅上覆羽黑色具白色细小横纹。尾羽较长，楔形，褐色，外侧尾羽外缘和腹面端部白色。下体颏、喉、胸、腹部都为红色，在胸前具一条窄的半月形白环。雌鸟与雄鸟相似，较暗淡，头胸棕黄色。嘴蓝色，脚肉粉色，为异趾型。
生态特征	单独或成对活动，常站立在低枝头，飞出捕食昆虫。叫声较为粗哑。繁殖期在树洞中营巢。
分　布	国内分布于云南、四川南部、贵州、广西、广东、海南、福建等地，为留鸟。国外见于东南亚地区。
最佳观鸟时间及地区	全年：华南、西南南部各地。

226

佛法僧目
CORACIIFORMES

嘴形多样，翅短圆。

脚短小且弱，并趾足，适攀木。

雌雄相似，雏鸟晚成。

翠鸟科Alcedinidae

普通翠鸟（翠鸟） | Common Kingfisher; *Alcedo atthis*

头顶至后颈蓝绿色

嘴黑色

赵超·摄

栖息地：湖泊、溪流、鱼塘、水库、农田水渠等有水生境。 | 全长：160mm

识别要点	小型的翠鸟。雄鸟头顶至后颈蓝绿色，密布亮蓝色的细横斑，前额、颊部和耳羽棕红色，耳后具一白色斑块，贯眼纹黑褐色。上体背部至尾上覆羽灰蓝色。尾羽短，暗蓝绿色。翅上覆羽蓝绿色，杂以淡蓝色横斑，飞羽黑褐色。下体在颏、喉部白色，胸部以下栗红色。嘴黑色，脚红色。雌鸟似雄鸟，下嘴橙黄色。
生态特征	在我国为非常常见的翠鸟种类。常见活动于湿地生境，立于水面上的植物上或岸边石头上，低头寻找水中的鱼、虾，确定目标后便俯冲钻入水中捕食，然后飞回栖枝上进食。捕食鱼、虾，也吃昆虫。对于较大的猎物常用嘴叼着甩头在树枝上摔打，待猎物松软后再吞食。繁殖期在水边土坡上凿洞筑巢。
分　　布	除西部少数地区外几乎全国分布，在东北、新疆西北部为夏候鸟，其余地区多为留鸟。国外见于欧亚大陆、东南亚地区。
最佳观鸟时间及地区	夏季：东北；全年：余部。

下体颏喉和胸部白色

栖息地：池塘、河流、沿海红树林、水田等湿地生境。　全长：270mm

江航东 摄

识别要点	体形较大且粗壮，雌雄相似。头、颈褐色。肩、背、尾羽亮蓝色。翅处级飞羽黑褐色，基部具大白斑，初级覆羽蓝色，次级飞羽蓝色，次级飞羽上部黑色。下体颏、喉和胸部白色，胸以下褐色。嘴、脚橙红色。
生态特征	单独活动，平时站立在树枝、电线杆上等较高处，低头寻觅食物，而后俯冲而下捕捉。主要捕食鱼、虾、大型昆虫、蜥蜴、小蛇等。
分　　布	国内在长江以南地区都有分布，为留鸟。国外见于印度及东南亚地区。
最佳观鸟时间及地区	全年：长江以南各地。

嘴大而粗壮、红色

上体亮蓝色

江航东·摄

栖息地：平原和山区的河流、水库、湖泊、鱼塘。　　　　　全长：290mm

识别要点	头上部黑色，颈具白色领圈，上体背部至尾羽都为亮蓝色，初级飞羽先端黑色，基部白色，形成两块大的白斑，飞行时尤为明显。翅上覆羽部分黑色。下体自胸部以下为棕黄色。嘴大而粗壮，红色，脚暗红色。
生态特征	单独或成对活动，常立于水边树枝或岩石上，低头寻找水中的鱼虾，主要吃小鱼、小虾、也捕捉大型昆虫和小型鼠类、蜥蜴等。反之其在水边土坡营洞穴巢。
分　布	国内在东北南部、华北、华中、华东、华南和西南地区为夏候鸟和旅鸟，东南沿海少数地区和海南为留鸟。国外见于朝鲜、印度和东南亚地区。
最佳观鸟时间及地区	夏季：除青海、新疆、西藏外各地。

230

冠鱼狗

头顶具发达的黑白相间的冠羽

栖息地：栖息于山间多砾石的河流附近。 全长：410mm

虞海燕·摄

识别要点	体形很大的鱼狗，体羽黑白相间。头顶具发达的黑白相间的冠羽，颊部至颈侧白色，髭纹黑色。上体背部青黑色具白色横斑，尾羽黑色满具白色横斑，翅飞羽黑白点斑相间。下体白色，胸部具黑色的斑纹，两胁具皮黄色横斑。嘴粗大黑色，脚黑色。雌鸟似雄鸟，翅下覆羽棕色。
生态特征	多在山间溪流附近活动，长栖息于水边岩石上或电线杆上等高处，伺机捕食水中的鱼、虾，也吃大型昆虫和其他小动物。也会在空中振翅悬停低头寻找猎物。
分　　布	从我国东北南部至西南地区都有分布，为留鸟。也见于喜马拉雅山脉其他地区、缅甸、越南、日本、朝鲜等地。
最佳观鸟时间及地区	全年：除新疆、青海、西藏、内蒙古外各地。

蜂虎科 Meropidae

黄喉蜂虎 | Common Bee Eater; *Merops apiaster*

颏、喉部黄色

张永·摄

栖息地：开阔草原田野。 | 全长：280mm

识别要点	中等体形，羽色亮丽。头顶至肩、上背部栗褐色，具黑色贯眼纹，眉纹和颊纹浅蓝色。下背金黄色，尾上覆羽栗褐色，尾羽翠绿色，中央尾羽延长成针状。翅飞羽绿色，羽端黑色。下体颏、喉部黄色，前胸具黑色领环，余部蓝绿色。嘴黑色长而弯曲，脚灰色。
生态特征	单独或集群活动，常站立在开阔地的突出树枝上，等待昆虫飞过，立即跳起飞出在空中用嘴将其捕获，然后回到栖落处将猎物撕碎摔软吞下。喜食蜂类，也吃其他昆虫，繁殖期在土坡洞穴中营巢。
分　布	国内见于新疆西北部，为夏候鸟。国外见于欧洲南部、北非、中东、中亚、印度次大陆。
最佳观鸟时间及地区	夏季：新疆。

232

佛法僧科 Coraciidae

蓝胸佛法僧 | European Roller; *Coracias garrulous*

胸、腹浅蓝绿色

王传波·摄

栖息地：栖息于较为干燥的稀树草原、农田等开阔生境。 | 全长：300mm

识别要点	体形较粗壮，身体大部天蓝色，背部和三级飞羽棕色，其余飞羽黑色。嘴粗壮，黑色；脚暗黄色。
生态特征	喜在开阔地活动，常从栖息处飞出捕捉昆虫。常在树洞中营巢。
分　布	国内见于新疆西北部，为夏候鸟。国外见于欧洲、中亚、非洲、印度等地。
最佳观鸟时间及地区	春、夏、秋季：新疆。

嘴粗大，红色

张永·摄

栖息地：平原至海拔1200米左右的林地、林缘生境。	全长：290mm

识别要点	中等体形。雄鸟头颈部黑褐色，上体蓝绿色，具金属光泽。尾羽灰黑色，尾基闪蓝紫色光泽。翅初级飞羽黑褐色，基部具一道宽阔的亮蓝色横斑，飞行时尤为显眼。下体羽在额、喉部蓝紫色，胸部以下呈铜绿色。雌鸟似雄鸟，羽色较暗淡。嘴粗大，红色，脚红色。
生态特征	多活动于林缘较开阔地带，常见在树顶端或电线杆上站立，有时会直接飞出在空中捕食飞行的昆虫。时常上下翻飞，显得较没有规律。繁殖期多在树洞中营巢。
分　　布	国内从东北至西南都有分布，多为夏候鸟，华南部分地区为留鸟。国外广泛分布于东亚、东南亚至澳大利亚。
最佳观鸟时间及地区	夏季：除新疆、青海、西藏外各地。

戴胜目
UPUPIFORMES

中型攀禽。

嘴细长而尖，先端下弯，第三、四趾基部连并。

翅中等，宽而圆，尾长，方形，头顶具扇状冠羽。

雌雄相似，雏鸟晚成。

戴胜科 Upupidae

戴胜（臭咕咕，花和尚，花薄扇） | Eurasian Hoopoe; *Upupa epops*

长的棕色冠羽

张锡贤·摄

栖息地：平原、丘陵、林缘、山区开阔地等生境。城市绿地中也有分布。

全长：300mm

识别要点	外形特征鲜明，通体主要由黑、白、棕三种颜色组成。头顶具长的棕色冠羽，羽端具黑色斑点。头、颈、胸、上背为淡棕色，下背褐色具浅色横斑带，腰白。尾羽黑褐色，中部具一道宽阔的白色横斑，翅膀羽色黑白相间。下体淡棕色，两胁具褐色细条纹。
生态特征	主要在地面活动觅食，用长而略弯的嘴在地面上翻找蠕虫之类的食物。飞行时成大波浪状，刚刚落地后或受到惊吓时会竖起冠羽，如蒲扇状。繁殖期在树洞、岩石缝、建筑物缝隙中营巢，育雏期间窝内粪便堆积，臭气很重。
分　　布	在我国几乎全国范围都有分布，北方多为夏候鸟和旅鸟，南方地区为留鸟。国外见于非洲、欧亚大陆大部分地区。
最佳观鸟时间及地区	春、夏、秋季：北方；全年：南方。

䴕形目
PICIFORMES

嘴多强直，呈锥状，适于凿木。

尾羽羽轴发达，富有弹性。脚短而强，呈对趾型，善于攀缘树干。舌器发达，能钩取树皮内的昆虫。

雌雄相差不多，雏鸟晚成。

须䴕科 Capitonidae

大拟啄木鸟 | Great Barbet; *Megalaima virens*

嘴大而粗壮，黄色，端黑色

栖息地：低地平原至海拔2000m以上的中海拔范围内的森林生境。 | 全长：300mm

识别要点	体大、头、颈、前胸蓝黑色，背部褐色，肩、下背和翅膀大部为绿色，尾羽灰绿色。腹部淡黄色具深绿色纵纹，尾下覆羽红色。嘴大而粗壮，黄色，嘴端黑色，脚灰色。
生态特征	常单独或成对活动，在食物丰富的地方有时也成小群。常栖于高树顶部，叫声单调而洪亮。取食植物的花、种子、果实，也吃昆虫。繁殖期在树干上凿洞为巢，有时也利用天然树洞。
分　布	分布于我国长江以南各省份，为留鸟。也分布于喜马拉雅山脉其他地区、缅甸、泰国和中南半岛。
最佳观鸟时间及地区	全年：长江以南各地。

啄木鸟科 Picidae

蚁䴕（Liè）（绕脖子鸟） | Wryneck; *Jynx torquilla*

头顶黑色冠纹延伸到背部

沈越·摄

栖息地：农田、灌丛、丘陵、林缘等地都有分布。 | 全长：180mm

识别要点	周身细纹密布，上体银灰色，密布黑褐色虫蚀状细纹，脸侧具深色贯眼纹，头顶具黑色顶冠纹，向后变粗延伸到背部。尾羽灰褐色具细小横斑。下体灰白色，密布细小横纹。嘴和脚为铅灰色。
生态特征	多在地面取食，长站立在蚁巢旁捕捉蚂蚁。较少上树，偶尔受到惊吓飞落到树枝上，不像其他种类的啄木鸟那样沿树干上下攀爬。单独活动，人靠近时会在原地做出头部前伸左右扭动的动作。繁殖期营巢于树洞中。
分　　布	全国大部分地区都有分布，在东北、华北北部、华中西部地区繁殖，长江以南大部分地区为冬候鸟。
最佳观鸟时间及地区	夏季：东北；春、秋季：余部。

239

耳羽淡棕色

赵超·摄

栖息地：各种林地生境，海拔可达2000米。　　　　　全长：150mm

识别要点	体形小巧，羽色主要以黑白相间。雄鸟前额、头顶灰色偏棕，眉纹宽阔白色，向后延伸经耳羽至颈侧，枕部两侧具红色星状斑点。耳羽淡棕，枕部、后颈、肩背部黑色，下背和腰白色，尾上覆羽黑色。中央尾羽黑色，外侧尾羽黑白相间。下体色淡，灰白色或稍显棕色。雌鸟与雄鸟类似，唯头后无黑色斑纹。嘴铅灰色，脚灰黑色。
生态特征	具有啄木鸟类的典型特征，喜欢在树干上攀爬，用嘴敲击树干寻找藏在里面的虫子。繁殖期营巢于树洞中。
分　　布	在我国从东北到西南一线以东广大地区都有分布，为留鸟。国外见于巴基斯坦和东南亚地区。
最佳观鸟时间及地区	全年：除新疆西藏。

小斑啄木鸟

Lesser Spotted Woodpecker; *Picoides minor*

雄鸟头顶红色

前额近白色

王传波·摄

栖息地: 多种类型的林地生境。　全长: 140mm

识别要点	小型的啄木鸟。身体以黑白两色为主。前额近白色，雄鸟头顶红色，枕部、后颈、肩部黑色，上体余部黑色具白色斑点，尾羽黑色，外侧尾羽白色具黑条纹；下体白色。雌鸟似雄鸟而头顶无红斑，前额头顶皮黄色。嘴黑色，脚铅灰色。
生态特征	攀爬在树干上寻找食物，飞行时呈大波浪状。
分　布	在我国见于新疆西北部和东北地区。国外见于欧洲、北非、中亚、西伯利亚及朝鲜。在各地多为留鸟。
最佳观鸟时间及地区	全年: 东北地区、新疆西北部。

棕腹啄木鸟　Rufous-bellied Woodpecker; *Picoides hyperythrus*

脸侧，下体为棕褐色 ——

栖息地：多种林地类型的生境，针叶林、混交林等都有分布。　　全长：200mm

识别要点	色彩较为鲜艳，雄鸟脸部眼先区域为灰白色，头顶至枕后为红色，上体黑白相间。尾羽黑色，外侧尾羽基部黑色，余部成黑白相间状。脸侧、下体为棕褐色，两胁下部向后灰白色具黑色横斑，肛周、尾下覆羽红色。雌鸟似雄鸟，头顶黑色具白色点斑。嘴灰色，嘴端黑色，脚灰色。
生态特征	通常单只在树林中活动，攀爬在树枝上啄击树干寻找食物，以昆虫为主要食物，繁殖期在树洞中营巢。
分　布	在我国从东北至西南一线以东地区都有分布，在东北东部为夏候鸟，东部大部分地区为旅鸟，在西南地区和西藏南部为夏候鸟。国外见于东南亚和中南半岛等地区。
最佳观鸟时间及地区	春、秋季：东北至西南各地。

242

大斑啄木鸟 [锛（Bēn）打儿(Der)木]

Great Spotted Woodpecker; *Picoides major*

肩部具大型白斑

沈越·摄

栖息地：见于多种类型的林地生境，在城市有乔木的绿化区域也经常可见。

全长：240mm

识别要点	中等体形的啄木鸟，雄鸟前额、眼先和颊部淡棕白色，头顶黑色，枕部具一块红色斑点。背部黑色，肩部具大型的白色斑块，赤黑白相间，中央尾羽黑色，外侧尾羽白色具黑色横斑；颊纹黑色向后有一分支，向下伸至胸前，向上延至头后，下体主要为浅棕褐色，臀部红色。雌鸟似雄鸟，但枕部无红斑。嘴和脚铅黑色。
生态特征	是非常常见的啄木鸟种类，多种类型的林地都可见到，飞行呈大波浪状。多在树干上攀爬用嘴敲击树干寻找虫子，偶尔也会下到地面寻食其他昆虫。繁殖期在树洞中做窝。
分布	在我国除西南部分地区外，广布于全国各地。国外见于欧亚的大部分地区。各地均为留鸟。
最佳观鸟时间及地区	全年：全国。

243

Lesser Yellow-naped Woodpecker; *Picus chlorolophus*

冠羽具蓬松的——
黄色羽端

沈越·摄

| 栖息地：海拔800~2000m的热带亚热带森林。 | 全长：260mm |

识别要点	雄鸟头颈部大部分暗绿色，眉纹红色，上颊纹白色，颊纹红色，枕部冠羽具蓬松的黄色羽端。背部、翅上覆羽亮绿色，翅飞羽黑色，尾羽黑灰色。下体黑绿色，两胁具白色横纹。雌鸟似雄鸟，仅顶冠两侧具红色斑纹。嘴灰色，脚绿色。
生态特征	活动于林地中，啄击树木觅食虫子。在林地中单独或结小群活动，也常与其他鸟混群。
分　布	分布于我国云南、广西、广东、福建、海南，为留鸟。也见于喜马拉雅山脉其他地区，东南亚地区。
最佳观鸟时间及地区	全年：西南南部、华南南部。

灰头绿啄木鸟 [香锛打儿（Der）木]

Grey-faced Woodpecker; *Picus canus*

背部灰绿色 —————————

赵超·摄

栖息地：多种类型的林地生境和林缘地区。

全长：280mm

识别要点	体形较大的灰绿色啄木鸟。雄鸟前额头顶灰红色，眼先和颊纹黑色，脸部、后头为灰色。上体背部灰绿色，腰部和尾上覆羽黄绿色，中央尾羽黑褐色，外侧尾羽灰褐色杂以深色横斑。初级飞羽黑褐色杂以白色斑，下体羽在颏、喉部灰白色，余部浅灰色。雌鸟羽色稍黯淡。嘴灰黑色，下嘴基部黄绿色，脚灰色。
生态特征	活动于多种林地生境，啄击树干寻找食物，主要取食各种昆虫，也会下到地面取食蚂蚁。繁殖期在树洞中营巢。
分　布	国内分布非常广泛，从东北至西南一线以东地区、新疆北部、西藏南部都有分布，为留鸟。国外见于欧亚大陆和东南亚地区。
最佳观鸟时间及地区	全年：除新疆西藏外各地。

雀形目
PASSERIFORMES

种类繁多，分布广泛。

常态足（离趾足），鸣肌发达，善于鸣叫，巧于营巢。

雄鸟大于雌鸟，羽色也较艳丽，雏鸟晚成。

百灵科 Alaudidae

蒙古百灵 [蒙古鹨 (Liù)] Mongolian Lark; *Melanocorypha mongolica*

胸两侧具大的黑色斑块

沈越·摄

栖息地：开阔草原、丘陵、沼泽草丛。　　全长：180mm

识别要点	体形较大，且显粗壮的百灵。雄鸟上体大部棕褐色，眼圈、眉纹淡黄白色，颊部、耳羽栗褐色；中央尾羽棕红色，外侧尾羽具大的白色斑块。飞羽黑褐色，内侧飞羽具大的白色斑块，飞行时尤为明显。下体额、喉白色，胸部两侧具较大的黑色斑块，腹部至尾下覆羽污白色。雌鸟似雄鸟，但羽色稍暗淡。嘴黄褐色，脚肉褐色。
生态特征	喜结群，活动于开阔草原上，常直飞入高空，边飞边叫，叫声悦耳。主要取食植物种子，也吃昆虫。繁殖期雄鸟常立于草地土包或石块等较高处振翅鸣唱炫耀，在地面凹坑处营巢。
分　布	国内见于内蒙古、河北北部、甘肃西部、陕西北部、青海东南部，大部分为留鸟，也有旅鸟和冬候群体。国外见于蒙古、西伯利亚地区。
最佳观鸟时间及地区	全年：内蒙古、甘肃、宁夏。

凤头百灵 [凤头阿（E）了（Le）儿]

Crested Lark; *Galerida cristata*

具明显的凤头

王传波·摄

栖息地: 干燥草原、荒坡、半荒漠灌丛、农田。 　　　全长: 180mm

识别要点	体形略大，雌雄相似。头顶具明显的凤头，上体沙褐色而具褐色纵纹，翅、尾褐色，羽缘色浅。下体浅皮黄色，胸部密布褐色纵纹。嘴较细长，黄粉色，脚肉色。
生态特征	喜结群，冬季常集成数百只的大群活动，在草地上觅食，主要取食植物种子，也吃昆虫。繁殖期在地面营巢。
分　布	国内见于东北南部、华北、内蒙古、甘肃、宁夏、新疆西北部、青海，多数为留鸟，北方种群少量冬季南迁。国外见于中东、非洲、中亚、蒙古、朝鲜等。
最佳观鸟时间及地区	全年: 北方地区除东北北部。

248

云雀（叫天子儿，鱼鳞燕儿） Eurasian Skylark; *Alauda arvensis*

舒晓南·摄

栖息地：开阔草原、河滩草地、农田。　　全长：180mm

识别要点	身体较为细长，上体沙褐色，具暗褐色羽干纹，头顶具不明显冠羽，受惊吓时会竖起，眉纹淡棕，耳羽栗褐色。肩背部、翅褐色，羽缘浅褐。尾羽黑褐色，最外侧尾羽几乎纯白。下体棕白，胸部密布黑褐色羽干纹。嘴角褐色，脚肉色。
生态特征	喜结群活动，在开阔草地奔走觅食，取食植物种子和昆虫。常立于地面、土块等较突出处鸣唱，叫声悦耳。惊飞时骤然几乎垂直上飞，边飞边叫。繁殖期在草丛地面营巢。
分　　布	国内在东北、西北北部地区为夏候鸟，在东北南部、华北、华中、华东地区为冬候鸟。国外见于欧洲、俄罗斯、蒙古、朝鲜、北非、印度北部地区。
最佳观鸟时间及地区	秋、冬、春季：北方大部。

角百灵 [黑姈（ Jìn ）得（ Děi ）]   Horned Lark; *Eremophila alpestris*

黑色侧冠纹向后延
伸上翘 ————

赵超·摄

栖息地：平原至较高海拔的草甸、多砾石的荒坡。　　　全长：160mm

识别要点	雄鸟头部黑白相间，图案独特，黑色侧冠纹向后延伸上翘，形成角状羽冠，头顶后部至背部沙褐色，腰和尾上覆羽灰褐色偏粉，尾羽黑褐，外侧尾羽具白斑。翅飞羽黑褐色，羽缘灰色。下体颏、喉部白色，胸部具黑色斑块，胸以下白色，两胁灰褐色，微具暗褐色纵纹。雌鸟似雄鸟，但头顶无黑斑。上嘴黑褐色，下嘴基黄褐色，脚黑色。
生态特征	集群活动，在草地、荒坡觅食植物种子，也吃昆虫。繁殖期营巢于草地岩石缝隙间地面上。
分　布	国内主要分布于西部地区，在新疆、青海、内蒙古西部、甘肃、四川、西藏为留鸟，在内蒙古中东部为夏候鸟，华北北部为冬候鸟。
最佳观鸟时间及地区	全年：西南地区；秋、冬、春季：华北地区。

燕科 Hirundinidae

家燕（燕子，拙燕） | Barn Swallow; *Hirundo rustica*

尾呈深叉状——

赵超·摄

栖息地：常伴人而居，栖息于村落附近，在农田、水塘、草原等处觅食。 全长：200mm

识别要点	上体头顶、脸侧、向后至尾羽及两翅都为蓝黑色，闪金属光泽，尾呈深叉状。额、颏、喉部红色，胸部具不整齐的黑色斑带，下体余部白色。嘴和脚黑色。
生态特征	常结小群活动，迁徙季节有时会集成百余只的大群。飞行快速，在空中上下翻飞滑翔，捕捉飞虫，食物为各种飞行昆虫。繁殖期在房屋屋檐下用泥筑巢。
分　布	全国范围都有分布，除云南南部、海南、台湾等地为留鸟外，其余各处都为夏候鸟。国外几乎见于除南极外的各大洲。
最佳观鸟时间及地区	春、夏、秋季：全国各地。

金腰燕（赤腰燕，黄腰燕，巧燕）

Red-rumped Swallow; *Hirundo daurica*

黑色羽干纹

赵超·摄

栖息地：平原和低海拔山区丘陵地带的农田、湿地、草场、村落等开阔生境。

全长：190mm

识别要点	比家燕稍小，雌雄相似。头顶、肩背部、尾羽蓝黑色，眉纹、眼后至后颈、腰部栗黄色。翅飞羽黑褐色，下体羽棕白色，密布以黑色羽干纹，尾下覆羽淡棕色。嘴和脚黑色。
生态特征	与家燕相似，迁徙时也会与家燕混群飞行。窝与家燕的不同，为倒酒瓶状。
分　布	全国范围内适宜生境都有分布，除东南沿海部分地区为留鸟外，其他地区都为夏候鸟。国外见于欧亚大陆、印度、东南亚、非洲等地。
最佳观鸟时间及地区	春、夏、秋季：除新疆外全国各地。

252

鹡鸰科 Motacillidae

白鹡(Jí)鸰(Líng) [点尾(Yǐ)巴塞儿] | White Wagtail; *Motacilla alba*

头侧白色

赵超·摄

栖息地: 平原、农田、溪流、水库湖泊岸边。　　　　　　全长: 200mm

识别要点	中等体形的鸣禽。雌雄羽色相似。主要为黑、白、灰三色, 通常上体灰色, 下体白色, 胸部具黑斑, 翅膀、尾羽黑白相间。
生态特征	多单独活动, 栖息于稻田、溪流、水库边滩等浅水生境, 在水流岸边行走觅食, 边走边上下摆动尾巴。主要取食各种小型昆虫, 受惊时会骤然起飞, 飞行呈波浪状, 不久即落下。
分　布	全国范围都有分布, 在我国北方、西北地区多为夏候鸟, 也有部分为冬候鸟, 在我国长江以南地区多为留鸟和冬候鸟。
最佳观鸟时间及地区	春、夏、秋季: 北方大部; 全年: 南方。

黄鹡鸰 　　Yellow Wagtail; *Motacilla flava*

下体鲜黄色

陈建中·摄

栖息地: 平原、农田、溪流、水库湖泊岸边。	全长: 180mm

识别要点	头顶橄榄绿灰色。上体暗黄绿色,腰部色较淡,中央尾羽黑褐色,羽缘黄绿色,最外侧两对尾羽白色。翅飞羽和翅上覆羽暗褐色,三级飞羽具黄白色羽缘,下体羽鲜黄色。嘴和脚黑色。冬羽较暗淡。
生态特征	活动于近水生境中,行走觅食,主要捕捉各种昆虫。迁徙季节会结成大群活动。繁殖期在地面隐蔽处营巢。
分　布	全国范围都有分布,在新疆西北部、甘肃、陕西、内蒙古、东北偏北部为夏候鸟;在华南地区为冬候鸟,其余广大地区为旅鸟。国外见于欧亚大陆、澳大利亚和北美洲阿拉斯加地区。
最佳观鸟时间及地区	春、夏、秋季:北方大部;全年:南方。

254

黄头鹡鸰　　　Yellow-headed Wagtail; *Motacilla citreola*

头部整体都为鲜黄色

朱雷·摄

栖息地：沼泽草甸、草原、平原地区水域附近。　　　　　全长：190mm

识别要点	与黄鹡鸰非常相似，但头部整体都为鲜黄色，后颈、肩部为黑色，背部为灰褐色，尾下覆羽白色。
生态特征	与其他鹡鸰相似。
分　布	全国范围都有分布，在东北、西北、华中、西南部分地区为夏候鸟，在云南为留鸟，东部地区多为旅鸟，在华南沿海地区为冬候鸟。国外见于西伯利亚地区、中亚和东南亚。
最佳观鸟时间及地区	夏季：西北、东北等地区。

255

灰鹡鸰（马兰花儿） Gray Wagtail; *Motacilla cinerea*

额、喉黑色

舒晓南·摄

栖息地：近水浅滩、草地、砾石滩、农田，在海拔较高的高山草甸也有分布。

全长：190mm

识别要点	与其他鹡鸰相比尾明显偏长，雄鸟繁殖期头顶至后颈、肩、背部灰色，眉纹白，眼周、耳羽灰色。尾上覆羽鲜黄色，翅飞羽和覆羽黑褐色，次级飞羽基部白色，组成一道翅斑，三级飞羽具宽阔的淡黄色羽缘，中央一对尾羽黑褐色，外侧尾羽白色为主，额、喉黑色，下体黄色。雌鸟和非繁殖期雄鸟相似，较暗淡，额喉，白色。嘴黑色，脚肉色。
生态特征	单独或结小群活动，也常与其他鹡鸰混群。喜在多砾石的河流浅滩活动觅食，主要捕食昆虫。繁殖期在地面营巢。
分　布	国内大部分地区都有分布，在东北、华北、华中部分地区为夏候鸟；华南和西南部分地区为冬候鸟；其他地区多为旅鸟。
最佳观鸟时间及地区	春、夏、秋季：北方大部；全年：南方。

田鹨（**Liù**）（花鹨） Richard's Pipit; *Anthus richardi*

后爪长

张瑜·摄

栖息地：平原至低海拔山区的开阔草地、农田。　　全长：190mm

识别要点	体形较大的鹨类，站立姿态挺拔。上体棕褐色，具黑褐色纵纹十分明显，眉纹和颊纹淡黄色，尾羽黑褐色，羽缘浅黄色，最外侧尾羽几乎全白。翅飞羽黑褐色而具淡棕白色羽缘。下体在颏、喉部乳黄色，胸部、两胁淡褐色，胸部具黑褐色纵纹，腹部至尾下覆羽乳白色。上嘴褐色，下嘴基部暗黄色。脚黄褐色，后爪长，十分突出。
生态特征	单独或成小群活动，在水域沼泽附近草地和农田中行走觅食，主要取食昆虫，也吃杂草种子。飞行成波浪状。
分　布	国内除西藏外各地均有分布，大部分为夏候鸟，东南沿海地区为留鸟，华南沿海地区包括海南岛、台湾为冬候鸟。国外见于中亚、蒙古、西伯利亚、印度和东南亚地区。
最佳观鸟时间及地区	春、夏、秋季：全国大部。

257

树鹨 [麦嗞（zī）儿，油松儿] Olive-backed Pipit; *Anthus hodgsoni*

耳羽处具小圆形白斑

栖息地：平原至中海拔山区的开阔林地、林缘、农田、村落附近。　　全长：150mm

识别要点	中等体形，尾偏短，上体橄榄绿色稍具黑色纵纹。眉纹白色，耳羽处具一小的圆形白色点斑。下体胸和两胁皮黄色，具黑色纵纹，胸部纵纹较粗，下体余部污白色。上嘴黑褐色，下嘴肉色，脚肉褐色。
生态特征	常单独活动于稀疏林地和林缘草地，在地上行走觅食，取食昆虫，冬季也吃杂草种子。受到惊吓常飞落到树上隐蔽而与其他鹨类有所不同。繁殖期在林间草地上营巢。
分　　布	国内在东北、华北西北部、华中、西南地区为夏候鸟，华北大部、华东地区多为旅鸟和冬候鸟，长江以南地区为冬候鸟。国外见于东北亚、印度和东南亚地区。
最佳观鸟时间及地区	夏季：东北；春、秋季：华北以南各地。

草地鹨（Liù） Meadow Pipit; *Anthus pratensis*

较短的黄白色眉纹

荀军·摄

栖息地：开阔草地、半荒漠草地灌丛。 全长：150mm

识别要点	上体橄榄褐色，从头顶至肩背部具深色纵纹，头部具较短的黄白色眉纹、脸颊耳羽橄榄褐色，颊纹污白色；腰和尾上覆羽灰褐色，尾羽褐色，外侧尾羽具白斑；下体颏喉部黄白色，具较细的黑色髭纹，胸腹部皮黄色，胸部和两胁具褐色纵纹。嘴细，角褐色，嘴基色浅；脚粉褐色。
生态特征	集松散的小群活动。在地面行走觅食，取食植物种子、昆虫等。
分　布	国内见于新疆西部，为冬候鸟。国外见于欧亚大陆北部、中东、北非。
最佳观鸟时间及地区	冬季：新疆西部。

下体颏喉和上胸部葡萄红色

陈建中·摄

栖息地：平原和低山区近水域的农田、草地灌丛。　　全长：160mm

识别要点	繁殖期头顶、后颈至尾上覆羽灰褐色，各羽具较粗的黑褐色羽干纹；飞羽和尾羽黑褐色而羽缘色浅；眉纹、脸侧灰褐色略沾粉红色，下体颏喉和上胸部葡萄红色，胸侧、两胁淡褐色具黑褐色纵纹，腹部和尾下覆羽淡黄褐色。非繁殖期羽色偏青褐色，喉部缺红色。嘴黑褐色，下嘴基黄褐色；脚肉色。
生态特征	单独或结小群活动，在沼泽及其他水域附近的草地灌丛间行走觅食，主要吃昆虫，也吃杂草种子。繁殖期在沼泽草丛中营巢。
分　　布	国内在东北、华北、华中地区为旅鸟，长江以南地区为冬候鸟。国外见于欧亚大陆北部、东南亚、非洲、印度等地。
最佳观鸟时间及地区	春、秋季：东北、华北、华中地区；冬季：长江以南。

髭纹黑色，向下与胸部的黑色纵纹相连

栖息地：近水草地、农田、沼泽草滩。　全长：150mm

娄方洲·摄

识别要点	上体大部呈橄榄褐色，肩背部具黑色纵纹，飞羽和尾羽黑褐色，羽缘色浅；头部眉纹、颊纹污白色，髭纹黑色，向下与胸部的黑色纵纹相连，在颈侧形成较为密集的黑色条纹区域；下体污白色，两胁偏黄，胸和上腹部、两胁具黑色纵纹。嘴角褐色，下嘴偏粉；脚暗黄色。
生态特征	单独或结小群活动，在溪流附近湿润草地、农田间觅食，食物主要为昆虫，也吃植物种子。
分　　布	国内在东北、华北、华中地区多为旅鸟，华北部分地区也有越冬群体，长江以南地区为冬候鸟。国外见于东北亚和北美洲。
最佳观鸟时间及地区	春、秋季：东北、华北、华中地区；冬季：长江以南。

261

山椒鸟科Campephagidae

灰山椒鸟（宾灰燕儿） Ashy Minivet; *Pericrocotus divaricatus*

眼先黑色

上体灰色

陈建中·摄

栖息地：平原及山区的林地，林缘。

全长：200mm

识别要点	雄鸟额和头顶前部白色，头顶后至枕部、眼先和眼周黑色。上体自背部、腰和尾上覆羽灰色。中央尾羽黑褐色，外侧尾羽基部黑色，先端白色；翅飞羽黑褐色，具灰白色翅斑。下体几乎纯白。雌鸟似雄鸟，但头部为苍灰色。嘴和脚黑色。
生态特征	结小群活动于林区上层，边唱边飞叫，主要捕捉昆虫为食。繁殖期在树上营巢。
分　布	国内在东北北部为夏候鸟，东北南部、华北、华东、华南地区为旅鸟。见于中俄界河乌苏里江。国外见于朝鲜、日本和东南亚地区。
最佳观鸟时间及地区	春、秋季：东北至华南大部。

鹎科 Pycnonotidae

领雀嘴鹎 (Bēi)(绿鹦嘴鹎，中国圆嘴布鲁布鲁，羊头公)

Collared Finchbill; *Spizixos semitorques*

白色领环

王吉衣·摄

栖息地：低山至中海拔山区的林地、林缘、灌丛、村落附近、市区园林也有分布。

全长：200mm

识别要点	体形较大，雌雄相似。额、头顶黑色，后头黑灰色杂以白斑，颊和耳羽上有白色细纹。肩、背至尾上覆羽都为橄榄绿色。两翅绿褐色，尾羽鲜黄绿色，具黑褐色端斑。鼻孔后缘和下嘴基有一白斑。下体黑色，上胸围以白色领环，腹部及尾下覆羽黄绿色。嘴短而厚，肉黄色，脚肉褐色。
生态特征	喜结群活动，偶尔也见单只或成对活动。在树林、灌丛间游荡寻找食物，主要以昆虫为食，也食植物种子果实。繁殖期在树上灌丛间营巢。
分　　布	国内从陕西和河南南部以南地区都有分布，为留鸟。国外见于中南半岛北部。
最佳观鸟时间及地区	全年：南方各地。

黑色冠羽高耸

赵超·摄

栖息地: 开阔林地、林缘、灌丛、村落附近、城市公园等处。　全长: 200mm

识别要点	额、头顶、后颈及颈侧黑色，具明显高耸的黑色冠羽，耳区具红色斑块，颊部白色。上体土褐色，翅飞羽和尾羽黑褐色。下体大部分白色，两胁偏灰，尾下覆羽红色。嘴和脚黑色。
生态特征	喜结群活动，较吵闹，在灌丛或树上跳跃穿梭鸣叫，取食植物种子、果实，也吃昆虫。不甚畏人，在一些市区园林中亦可见到。
分　布	国内分布于西藏东南部、云南、贵州、广西、广东、海南等地，为留鸟。国外见于印度和东南亚地区。
最佳观鸟时间及地区	全年: 华南南部。

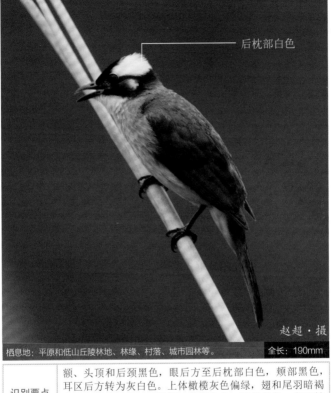

白头鹎（白头翁）　Chinese Bulbul; *Pycnonotus sinensis*

后枕部白色

赵超·摄

栖息地：平原和低山丘陵林地、林缘、村落、城市园林等。　　全长：190mm

识别要点	额、头顶和后颈黑色，眼后方至后枕部白色，颊部黑色，耳区后方转为灰白色。上体橄榄灰色偏绿，翅和尾羽暗褐色，羽缘黄绿色。下体颏、喉部白色，胸部灰色，向下转为白色。嘴和脚黑色。
生态特征	常集大群在树林间活动觅食，取食植物种子、果实和昆虫。性吵闹。繁殖期在树枝上营巢。
分　布	国内从华北地区向南至海南岛都有分布，为留鸟。国外见于越南北部和琉球群岛。
最佳观鸟时间及地区	全年：华北以南。

黑喉红臀鹎（红臀鹎，黑头公）
Red-vented Bulbul; *Pycnonotus cafer*

喉黑色

尾下覆羽红色

沈越·摄

| 栖息地：开阔林地、林缘、灌丛。 | 全长：200mm |

识别要点	中等个体，头颈部黑色，头顶冠具较明显的凤头，上体大部灰褐色，羽缘灰色。尾上覆羽灰白色，翅飞羽和尾羽黑褐色，尾羽具白色端斑。下体胸部大部灰褐色，羽缘色浅，形成鳞纹状斑驳，尾下覆羽绯红色。嘴和脚黑色。
生态特征	喜结群，性活泼吵闹，在开阔林地、灌丛活动觅食，取食植物种子、果实、昆虫等。繁殖期在树上营巢。
分　布	国内见于云南西部，为留鸟。国外见于印度、缅甸。
最佳观鸟时间及地区	全年：云南西部。

栗背短脚鹎　Chestnut Bulbul; *Hemixos castanonotus*

头顶暗褐色

背部棕色

虞海燕·摄

栖息地：海拔较低的森林、林缘、高灌丛等生境。　全长：210mm

识别要点	头顶至枕部暗褐色，顶部略具羽冠，颊部、后颈、背部棕色。尾上覆羽暗褐色，翅初级飞羽、尾羽暗褐色，次级飞羽具白色或黄绿色外缘。下体白色，两胁沾灰色。嘴和脚深褐色。
生态特征	集群活动，性活泼吵闹，取食植物种子、果实和昆虫等。
分　　布	国内见于华南和东南地区及海南岛，为留鸟。国外见于印度和越南西北部等地区。
最佳观鸟时间及地区	全年：南方各地。

267

绿翅短脚鹎（大吉黄）

Green-winged Bulbul; *Hypsipetes mcclellandii*

额与头顶褐色

鲜黄绿色

虞海燕·摄

栖息地：海拔较低的山区林地、竹林和灌丛。 | 全长：230mm

识别要点	体大的鹎类。羽端有明显白斑，略具羽冠；脸部、后颈灰褐色；上体背部绿褐色，尾上覆羽和尾羽鲜黄绿色；飞羽暗褐色，羽缘鲜黄绿色；下体喉、胸部沾棕，有不明显的白色纵纹，腹部白色，尾下覆羽棕黄色。嘴黑色，脚肉褐色。
生态特征	常三五成群或十数只在一起，活动于林地灌丛，性活泼。取食植物种子、果实和昆虫。繁殖期在树上筑巢。
分　布	国内长江以南地区都有分布，为留鸟。国外见于喜马拉雅山脉、中南半岛和东南亚其他地区。
最佳观鸟时间及地区	全年：长江以南各地。

268

黑短脚鹎（山白头，白头黑布鲁布鲁，白头公）

Black Bulbul; *Hypsipetes leucocephalus*

嘴红色

头白色

虞海燕·摄

栖息地：平原和低山区的阔叶林、针阔混交林。　　全长：220mm

识别要点	较大型的鹎类。通体黑色或头、颈、胸部白色，余部黑色。嘴和脚红色。
生态特征	集群活动，多在树冠层活动，飞来飞去，叫声响亮多变。觅食植物种子和果实，也吃昆虫。不甚畏人。
分 布	在秦淮以南地区都有分布，偏北的地区为夏候鸟，西南地区和华南南部为冬候鸟或留鸟。
最佳观鸟时间及地区	全年：南方各地。

269

叶鹎科 Chloropseidae

| 橙腹叶鹎 | Orange-bellied Leafbird; *Chloropsis hardwickii* |

额基、脸侧黑色

庾海燕 摄

栖息地：低海拔山区的常绿林。　　　　　　　全长：200mm

识别要点	中等体形，色彩艳丽。雄鸟额、头顶至背部黄绿色，翅外侧飞羽蓝色，具金属光泽，内侧飞羽绿色，尾上覆羽绿色，尾羽蓝色。头部额基、脸侧黑色，髭纹钴蓝色，下体额、喉部和上胸蓝紫色，下胸至尾下覆羽橙色，两胁沾绿。雌鸟上体绿色，额、喉部无蓝紫色，翅和尾羽都为绿色。嘴较长，黑色，脚灰绿色。
生态特征	常结小群活动，也会与其他鸟类混群。活动于山地常绿林中，取食植物花、果实、昆虫等。繁殖期在树上营巢。
分　　布	分布于我国华南、西南各地，为留鸟。也见于喜马拉雅山脉其他地区和东南亚。
最佳观鸟时间及地区	全年：南方各地。

270

太平鸟科 Bombycillidae

太平鸟（十二黄） Bohemian Waxwing; *Bombycilla garrulus*

具长冠羽

栖息地：平原和山区林地，市区园林也可见到。 | 全长：180mm

识别要点	体形较大且敦实，雌雄相似。全身大部粉褐色，头部顶冠具明显的长冠羽，额基、眼先、贯眼纹黑色。翅飞羽黑褐色，自第二枚以内的飞羽外缘具黄白色羽端斑，次级飞羽羽端具延伸出来的红色蜡滴状羽干斑。尾羽暗褐色，具黄色端斑。下体颏、喉部黑色，胸部灰褐色，尾下覆羽栗灰色。嘴黑色，基部蓝灰，脚黑色。
生态特征	常集群活动，聚集在树林顶端觅食，主要以植物种子和果实为食。飞行时鼓动双翅急速直飞。繁殖期在树上营巢。
分　布	国内见于东北、华北，为冬候鸟，南方地区偶见冬候。国外见于欧亚大陆北部。
最佳观鸟时间及地区	冬季：东北、华北。

271

伯劳科 Laniidae

牛头伯劳（山猴子） | Bull-headed Shrike; *Lanius bucephalus*

头顶至后颈栗红色

（雌鸟）

朱雷·摄

栖息地：中低海拔的山地灌丛、稀疏林地、低地农田等生境。 全长：190mm

识别要点	雄鸟头顶至后颈栗红色，黑色贯眼纹宽阔，眉纹细、白色，上体背部至腰青褐色；飞羽暗褐色，初级飞羽基部具白斑；尾羽灰褐色；下体羽在颏、喉部棕白色，喉部以下转为棕色，两胁具深褐色细的蠹状横斑纹。雌鸟似雄鸟，但羽色较淡，贯眼纹不明显，下体斑纹较多。嘴和脚铅灰色。冬羽，头面部颜色单一，均为浅淡的栗红色，贯眼纹也消失。
生态特征	性凶猛，捕捉小鸟、蜥蜴、鼠类、昆虫等为食，常立于灌丛枝头较高处低头四处寻觅猎物，发现目标就俯冲而下追击。繁殖期雄鸟鸣声较为悦耳。有把较大猎物穿到带刺植物上取食或储存的习惯。繁殖期在树杈上营巢。
分　　布	主要分布于我国东部，在东北、华北北部地区为夏候鸟，甘肃为留鸟，其他东部地区为冬候鸟和旅鸟。国外见于东北亚地区。
最佳观鸟时间及地区	全年：甘肃；春、秋季：东部地区；夏季：东北、华北北部。

红尾伯劳 [虎(Hǔ)不拉(Lǎ)]

Brown Shrike; *Lanius cristatus*

尾羽棕褐色

赵超·摄

栖息地：农田、林缘、灌丛、低山开阔林地、湿地草丛等都有分布。　　全长：200mm

识别要点	非常常见的伯劳种类。雄鸟上体多为灰褐色或红褐色，白色眉纹突出，贯眼纹黑色。翅飞羽深褐色，尾羽棕褐色。下体棕白色，两胁棕色稍深。雌鸟似雄鸟，但贯眼纹色较浅，下体多棕色的纤细蠹状横斑。嘴黑色，脚铅灰色。
生态特征	习性与牛头伯劳相似，但食物以大型昆虫为主，只是偶尔捕捉小鸟。叫声较为粗哑。繁殖期在树杈上营巢。
分　布	在我国中东部地区广泛分布，东北、华北、华中地区多为夏候鸟和旅鸟，在华南地区为留鸟和冬候鸟。国外见于其他亚洲东部大部分地区。
最佳观鸟时间及地区	夏季：东北；春、夏、秋季：除新疆、西藏外全国各地。

273

棕背伯劳 [海南，海南鹃（Jue）大棕背伯劳]

Long-tailed Shrike; *Lanius schach*

背部红褐色

陈建中·摄

栖息地：山区和平原的稀疏林地、灌丛、茅草丛、农田、村落等生境。　全长：250mm

识别要点	大型的伯劳。色彩鲜艳，雌雄相似，头顶至后颈蓝灰色，前额、眼周、耳羽黑色，背部、腰红褐色。尾羽棕褐色，翅飞羽黑褐色，初级飞羽基部具白色斑块。下体较白，两胁淡红褐色。嘴、脚黑色。有些个体羽色偏黑，甚至周身黑色。
生态特征	具有伯劳的典型习性，性凶猛，常捕食较大的猎物，追捕小鸟。雄鸟繁殖期鸣声婉转悦耳，平时也多发出较为粗哑的"嘎-嘎"叫声。
分　布	在我国河北中部以南地区都有分布，且分布区还有不断向北扩展的趋势。在华北地区居留型尚不明确，在黄河以南地区为留鸟。国外见于伊朗、印度和东南亚地区。
最佳观鸟时间及地区	全年：华北以南。

楔尾伯劳（寒露）　Chinese Gray Shrike; *Lanius sphenocercus*

翅具白斑

陈建中·摄

| 栖息地：农田林缘、村落附近、半荒漠生境、灌丛等地都有分布。 | 全长：310mm |

识别要点	体形甚大。雌雄相似，头顶、后颈、肩背、腰部为蓝灰色。眉纹白，贯眼纹黑色宽阔。翅飞羽黑色具大的白色斑块。尾长、楔形，中央尾羽黑色具白色端斑，外侧尾羽白色。下体白色。嘴和脚黑色。
生态特征	大致同其他伯劳，但猎物更大，常捕捉小型鼠类、小鸟等。有时会在空中振翅定点悬停低头寻找猎物。繁殖期在树上筑巢。
分　布	国内在青藏高原东部、华中、东北北部为夏候鸟，东北南部、华北、华东和华南沿海地区为冬候鸟。国外见于西伯利亚东部、朝鲜、日本等地。
最佳观鸟时间及地区	秋、冬、春季：华北以南东部地区。

黄鹂科 Oriolidae

黑枕黄鹂(黄鹂儿，黄莺)　Black-naped Oriole; *Oriolus chinensis*

黑色贯眼纹延伸至枕后

栖息地：平原和山区的开阔林地、村落附近、城市园林也可见到。　全长：260mm

陈建中·摄

识别要点	雄鸟全身羽毛金黄，头部具黑色宽阔的贯眼纹，并向后延伸至枕后。双翅大部黑色，具黄色斑块。尾羽黑色，除中央尾羽外均具黄色宽阔的端斑。雌鸟似雄鸟，但羽色较暗淡。嘴较长，粉红色，脚铅灰色。
生态特征	成对或以家族群活动，飞行波浪状，叫声多变悦耳，也常发出似猫叫的鸣声。捕捉昆虫为食，偶尔也吃杂草种子、植物果实等。繁殖期在高大树上营巢。
分　布	国内从东北之西南以东地区都有分布，为夏候鸟，在西南南部、海南、台湾为留鸟。国外见于印度和东南亚地区。
最佳观鸟时间及地区	夏季：东北；春、夏、秋季：中东部地区。

卷尾科 Dicruridae

黑卷尾（黎鸡儿） | Black Drongo; *Dicrurus macrocercus*

尾羽长呈深
叉状

虞海燕·摄

栖息地: 低山和平原地区的农田、稀疏树林、村落生境。 | 全长: 290mm

识别要点	中等体形，周身黑色，且上体闪蓝绿色金属光泽。尾羽长呈深叉状。嘴较大粗壮，嘴、脚黑色，虹膜红色。
生态特征	树栖鸟类，时常站在枝头寻找空中飞行的昆虫，发现目标随即飞出在空中将其捕获，主食飞行中的昆虫。飞行能力强，技巧出众。常在空中追逐驱赶飞入其巢区的猛禽。繁殖期在树上筑巢。
分　布	在我国东北南部、华北、华中、华东、华南、西南地区为夏候鸟和旅鸟，西南地区南部、海南、台湾等地为留鸟。国外见于伊朗、印度和东南亚地区。
最佳观鸟时间及地区	春、夏、秋季: 东北以南地区。

灰卷尾（白颊卷尾，白颊秋鸟，灰龙眼燕）

Ashy Drongo; *Dicrurus leucophaeus*

整体为灰色———

——— 外侧尾羽
向外卷曲

| 栖息地：山区和平原的林地、村落生境。 | 全长：280mm |

识别要点	与黑卷尾体形相当，但整体为灰色，嘴和脚为铅灰色，虹膜橙红色十分醒目。
生态特征	常成对活动，习性与黑卷尾类似。
分　布	国内分布于华北南部的大面积区域，为夏候鸟，在海南岛为留鸟。国外见于中亚至东南亚的广大地区。
最佳观鸟时间及地区	全年：海南岛；夏季：华北南部。

发丝状羽毛

虞海燕·摄

栖息地：多栖息于山区开阔林地。 全长：320mm

识别要点	比黑卷尾大，且粗壮。通体黑色显蓝绿色金属光泽，尾羽尖端向上卷曲，形如竖琴，头部具发丝状羽毛。嘴较粗壮，黑色，脚黑色。
生态特征	喜欢在山区林地活动，在林间空地飞行捕捉空中的飞虫，有时集小群活动。
分　　布	国内从东北地区南部至西南地区以东都有分布，为夏候鸟。国外见于印度、东南亚地区。
最佳观鸟时间及地区	春、夏、秋季：华北以南地区。

椋鸟科 Sturnidae

八哥（了哥，凤头八哥）   Crested Myna; *Acridotheres cristatellus*

额部具凤头

赵超 摄

栖息地：平原和低山区的农田、村落、稀疏林地。	全长：260mm

识别要点	通体几乎全为黑色。额部具凤头，头顶、颊、耳羽闪绿色金属光泽。初级飞羽先端和基部白色，飞羽基部的白斑在飞行时尤为明显，除中央尾羽外侧尾羽端部白色。下体尾下覆羽具白色羽端。嘴黄色，嘴基红色，脚黄色。
生态特征	结小群活动，在草地上、农田间寻找昆虫、蚯蚓等为食，常跟随在牲畜周围，啄食惊飞的昆虫，也会落到牲畜身上啄食寄生虫。繁殖期在树洞中营巢。
分　布	国内见于华中以南地区，为留鸟，在北京地区也有野外种群出现，疑为笼养逃逸而成的。国外见于中南半岛地区。
最佳观鸟时间及地区	全年：华北以南地区。

家八哥（八哥） Common Myna; *Acridotheres tristis*

眼周裸皮黄色

赵超·摄

栖息地：开阔农田、城镇、市区园林。　　　　　全长：240mm

识别要点	中等体形。头、颈部黑褐色，眼周裸皮黄色，肩背部和内侧飞羽灰褐色；外侧飞羽黑褐色；尾羽黑褐色，羽端白色；下体下胸部和腹部灰褐色，尾下覆羽白色。嘴和脚黄色。
生态特征	通常结群，喜在住家附近活动。在地面取食，捕食昆虫，也吃植物种子和果实。
分　布	国内见于四川西南部、西藏东南部、云南、海南，为留鸟。国外见于中亚、印度及东南亚地区。
最佳观鸟时间及地区	全年：海南、云南西部及南部。

黑领椋（Liáng）鸟（黑脖八哥，白头椋鸟）

Black-collared Starling; *Gracupica nigricollis*

黑色宽颈环

栖息地：平原和丘陵地区的开阔农田、稀疏林地。　　　全长：280mm

赵超·摄

识别要点	体形大的椋鸟。雄鸟头部白色，眼周裸露皮肤黄色，颈部具黑色宽颈环。上体背部黑色，尾上覆羽白色。尾羽黑色，羽端白色。翅黑白相间，形成3道白色翅斑，初级飞羽基部具白色斑块。下体白色。雌鸟似雄鸟，但偏褐色。嘴黑色，脚浅灰色。
生态特征	常结小群活动于农田、牧场，有时围在牲畜边找食吃，食物包括昆虫、蚯蚓、蠕虫、植物种子、果实等。
分　布	长江以南大部分地区都有分布，为留鸟。国外见于东南亚地区。
最佳观鸟时间及地区	全年：华南各地。

北椋鸟（燕八哥、小椋鸟）

Daurian Starling; *Sturnia sturnina*

具两道白色翅斑

栖息地：开阔草地、林缘。　　　　　　　　　全长：180mm

娄方洲·摄

识别要点	雄鸟上体自头顶至上背呈暗灰色，后枕部具紫辉色斑块；肩、下背黑紫色；尾上覆羽棕白色；尾羽黑色，呈叉状；飞羽多为黑褐色，翅上具两道白色翅斑；下体灰白色。雌鸟上体呈烟灰色，两翅和尾黑色，后枕部缺紫辉色斑块。嘴和脚黑褐色。
生态特征	性吵闹，在林下和林缘开阔地面上活动觅食，取食植物种子、果实和昆虫，繁殖期在树洞或者墙洞中筑巢。
分　布	国内除青海、新疆、西藏外都有分布，在华北和东北为夏候鸟，南方为旅鸟。国外见于外贝加尔湖、朝鲜和东南亚地区。
最佳观鸟时间及地区	春、秋季：南方各地；夏季：华北、东北。

粉红椋鸟（铁甲兵，绯椋鸟） Rosy Starling; *Pastor roseus*

腹部粉紫色

王传波·摄

栖息地：开阔的干旱草场、半荒漠生境。 全长：220mm

识别要点	雄鸟头颈部黑色，肩被至尾上覆羽、胸腹部和两胁为粉紫色，翅膀、尾下覆羽和尾羽黑色。雌鸟羽色稍暗淡。
生态特征	结大群活动于干旱区的开阔地，常跟随牲畜觅食被惊飞的昆虫。主要捕捉昆虫，也吃植物种子和果实。繁殖期在土洞中集群营巢。因其嗜吃蝗虫，在部分地区（如新疆等）已用来人工招引控制蝗虫数量。
分　　布	国内见于新疆西北部地区，为夏候鸟。国外见于欧洲东部、亚洲中部和西部其他地区及印度、泰国等地。
最佳观鸟时间及地区	夏季：新疆西北部。

丝光椋鸟（朱屎八哥，丝毛椋鸟） Silky Starling; *Sturnus sericeus*

颏、喉灰白

赵超·摄

栅息地：农田、果园、村落、市区公园等。 全长：240mm

识别要点	与灰椋鸟体形相当，但整体羽色偏白。雄鸟头颈部都为白色，颈基部深灰色，上体背部至尾上覆羽浅灰色，飞羽和尾羽黑色，闪蓝绿色光泽，初级飞羽基部具白色斑块，飞行时尤为明显，下体灰白色。雌鸟似雄鸟，但羽色暗淡较偏褐。嘴橙红色，嘴端黑色，脚橙黄色。
生态特征	集群活动，有时在田地中围在牲畜周围捕捉惊飞的昆虫，食物包括昆虫，蠕虫，植物种子，果实等。性吵闹，冬季常结成百余只的大群游荡活动。繁殖期在树洞中营巢。
分　布	在我国华北以南地区都有分布，北京地区近年来也有记录，并且种群数量陆续增加，怀疑是逃逸群体野化造成的。国外见于越南、菲律宾地区。
最佳观鸟时间及地区	全年：华北以南各地。

灰椋鸟（高粱头）　White-cheeked Starling; *Sturnus cineraceus*

嘴黄色，尖端黑色

赵超·摄

栖息地：农田、稀疏林地、林缘，市区公园也可见到。 | 全长：240mm

识别要点	雄鸟头颈黑色，眼周和耳区白色。上体肩背部土褐色，尾上覆羽白色。中央尾羽黑褐色，外侧尾羽土褐色，羽端白色。翅飞羽黑褐色，下体在喉、胸、上腹和两胁为暗灰褐色，并具不甚明显的灰白色矛状斑，尾下覆羽白色。雌鸟似雄鸟，稍暗淡。嘴黄色，尖端黑色，脚橘黄色。
生态特征	非繁殖期喜集群活动，有时结成百余只的大群，在开阔草地、田野上觅食。取食昆虫、蚯蚓等，也吃植物种子和果实，有时会到树上或灌木上啄食浆果。繁殖期在树洞中营巢。
分　布	国内除新疆、西藏外各省都有分布，在东北、华北一带为夏候鸟，华北有部分为留鸟和冬候鸟，华北以南地区为冬候鸟。国外见于西伯利亚、日本及东南亚地区。
最佳观鸟时间及地区	夏季：东北；全年：余部除新疆西藏。

肩、背、尾闪
紫色光泽

苟军·摄

栖息地：开阔草场、农田、荒漠边缘、城镇等。 全长：210mm

识别要点	体形中等。通体黑色且满布浅色点斑，头颈部闪蓝绿色金属光泽，肩、背、尾上覆羽闪紫色光泽。嘴黄色，脚暗红色。
生态特征	集群活动，在开阔地觅食植物种子和昆虫，迁徙季节结成大群。
分　布	国内在新疆西部为夏候鸟，在其他地区为不常见旅鸟。国外见于整个欧亚大陆。
最佳观鸟时间及地区	夏季：新疆。

287

鸦科 Corvidae

松鸦（山和尚）

Eurasian Jay；*Garrulus glandarius*

黑、白、蓝三色相间横斑纹

赵超·摄

栖息地：山区针叶林、针阔混交林。　全长：350mm

识别要点	体形中等，显得较粗壮。头部粉褐色，头顶具黑色的细纵纹，髭纹黑色。上体大部黄褐色，下腰和尾上覆羽近白色，尾羽黑褐色。翅飞羽黑色，具白斑，飞羽基部具黑、白、蓝三色相间的横斑纹。下体褐色较浅且偏紫，下腹和尾下覆羽白色。嘴黑色，脚肉褐色。
生态特征	在山区针叶林中活动，成对或结小群活动，性嘈杂喧闹。食性杂，食物包括植物种子、果实，庄稼作物，昆虫，腐肉等。繁殖期在高树顶端隐蔽处筑巢。
分　布	国内见于东北、华北、华中、华东、华南、西南、新疆北部地区，为留鸟。国外见于欧洲大部分地区、非洲西北部、东南亚、日本、朝鲜等地。
最佳观鸟时间及地区	全年：见于全国大部分地区。

灰喜鹊 [山喜雀（Qiǎo）] Azure-winged Magpie；*Cyanopica cyana*

肩背部灰色，翅膀蓝色

吴秀山·摄

栖息地：多分布于林地生境，尤其是针叶林中分布较多。在果园、苗圃以至城市园林中都有栖息。

全长：360mm

识别要点	比喜鹊稍小。雄鸟头部大部分区域和后颈为黑色。肩背部灰色，翅膀蓝色，尾羽蓝色，羽端具白色斑块。下体喉部和腹中央为白色，余部浅灰色。嘴和脚黑色。雌鸟和雄鸟相似。
生态特征	集大群活动，性吵闹。一旦受到惊吓，会突然惊叫然后迅速散飞开。食性杂，包括植物果实、昆虫、人丢弃的食物碎屑等。飞行时振翅快速，会做长距离的滑行。集群营巢繁殖，巢多为与高大乔木树杈分支处。
分　　布	国内分布于东北、华北、华中和华东地区，为各地区的留鸟。国外见于东北亚地区。
最佳观鸟时间及地区	全年：除西部地区外的北方大部地区。

红嘴蓝鹊 [麻喜鹊，长尾 (Yǐ) 巴帘子]

Red-billed Blue Magpie; *Urocissa erythrorhyncha*

嘴鲜红色

张瑜·摄

栖息地: 主要栖息于山区和丘陵林地中，在平原地区针叶林生境中也有分布。

全长: 680mm

识别要点	羽色艳丽的鹊类。头、颈和前胸黑色，顶冠各羽羽端灰白色，形成一大块灰白色斑块。上体在背部、肩部呈蓝灰色，尾上覆羽蓝色，端部具白斑，尾羽淡蓝灰色，具白色端斑和黑色次端斑，中央一对尾羽特别长。翅膀飞羽蓝色，羽端白色。下体胸部以下为白色。嘴红色非常鲜艳，脚暗红色。
生态特征	喜集小群活动，飞行时交替扇翅和滑翔动作，成大波浪状前进，尾羽上下飘荡，十分美丽。鸣声多样，平时也较为嘈杂。食性杂，食植物种子、嫩芽、果实，昆虫、蛇、蛙、小哺乳动物，人类食物垃圾等几乎无所不吃。繁殖期成对活动，筑巢于高大乔木上端。
分　布	在我国从东、北部至西南地区以东的范围内都有分布，为留鸟。国外见于缅甸、印度东北部和中南半岛地区。
最佳观鸟时间及地区	全年：华北以南各地。

喜鹊 [喜雀（Qiǎo），大喜雀（Qiǎo）]

Black-billed Magpie; *Pica pica*

腹部白色

吴秀山·摄

栖息地：平原、山区林地、农田、城镇。 全长：450mm

识别要点	大型的鸣禽。雌雄同色。羽色主要为黑白两色，肩部和胸腹部为白色，两翅初级飞羽内羽白色，外羽及羽端黑色。其余部位黑色，多闪蓝色金属光泽。尾长，黑色。
生态特征	多成对或集小群活动，叫声响亮粗哑，为单调的"喳喳"声，鸣叫时常伴随着扬起尾巴。食性杂，包括谷物、植物果实、昆虫、小动物、人类食物垃圾等几乎无所不吃。冬季常在开阔地结成大群。领域意识强，若遇到猛禽飞临会主动驱逐。多营巢于高大乔木的顶端。
分　　布	全国范围都有分布，为留鸟。国外见于欧亚大陆其他地区，北非、北美洲的部分地区。
最佳观鸟时间及地区	全年：全国各地。

黑尾地鸦

Mongolian Ground Jay; *Podoces hendersoni*

黑色

栖息地：海拔2000~3000的开阔裸地、稀疏灌丛生境。 全长：300mm

识别要点	中等体形。头顶至后颈黑色闪蓝色光泽，头侧和上背沙褐色，背、肩、腰部略显砖红色，飞羽黑色闪蓝光，初级飞羽具大面积白色斑块，飞行时十分易见；尾蓝黑色；下体污白色。嘴和脚黑色。
生态特征	生活在海拔较高的地方，在多岩石的地面和灌丛中活动，觅食植物种子和无脊椎动物，也会到树上停栖。繁殖期在地面营巢。
分　布	国内分布于新疆、甘肃、青海东北部、内蒙古西部、陕西北部地区，为留鸟。国外见于蒙古。
最佳观鸟时间及地区	全年：参考上述分布区。

白尾地鸦　　Xinjiang Ground Jay; *Podoces biddulphi*

尾白色或淡沙棕色

苟军·摄

栖息地：荒漠灌丛、沙地绿洲边缘。　　全长：290mm

识别要点	小型鸦类，雌雄相似。与黑尾地鸦极其相似。通体沙褐色。前额、头顶至后颈为黑色。眼先、眼周、头侧及颈呈淡的沙棕色。鼻孔毛沙棕色，长达8～9mm。上体大部淡沙棕色，外侧初级飞羽先端黑色，中部具大形白斑，基部黑褐色。次级飞羽蓝紫黑色，羽端白色，三级飞羽沙褐色。尾羽白色，中央一对尾羽具黑色羽干纹。下体颏、喉及面颊泛黑色，羽缘沙褐色。胸、腹及腿覆羽沙棕色，尾下覆羽白色或淡沙棕色。嘴、脚黑色。
生态特征	成对或结小群活动，善于在沙地上奔跑，很少长距离飞行。觅食植物种子、昆虫、蜥蜴等。繁殖期在沙地灌丛中营巢。
分　布	为我国特有种，只在新疆地区有分布，为留鸟。
最佳观鸟时间及地区	全年：新疆中西部。

密布白色斑点

张永·摄

栖息地：栖息于海拔较高的针叶林、针阔混交林中。　　全长：330mm

识别要点	中等体形，通体深褐色，密布白色斑点，尾下覆羽白色，翅飞羽和尾羽闪蓝绿色光泽。嘴和脚黑色。
生态特征	活动于较高海拔的针叶林、针阔混交林中，单只或结小群活动，叫声较为干哑，飞行成有规律的波浪状。取食植物种子、果实，也吃昆虫。繁殖期在高树上筑巢。
分　布	国内分布于东北、华北、华中、西南地区、新疆西北部，为留鸟。国外见于欧亚大陆北部向东至日本的大片地区。
最佳观鸟时间及地区	全年：东北至西南一线各地。

红嘴山鸦（红嘴老鸹，红嘴乌鸦）
Red-billed Chough; *Pyrrhocorax pyrrhocorax*

嘴较长向下
弯曲，红色

赵超·摄

栖息地：常栖息中高海拔的山区，在较低海拔的农场等处也有分布。 全长：450mm

识别要点	较大形的鸦类。通体黑色，在翅背部闪蓝色金属光泽。嘴较长向下弯曲，红色；脚红色。
生态特征	常结成大群在山谷间飞翔，边飞边叫，叫声尖锐响亮。取食植物种子、嫩芽和果实，也会捕食昆虫和虫卵等。繁殖期集群营巢在海拔较高的山崖上。
分　布	在我国新疆、西藏、青海、四川、甘肃、内蒙古、陕西、山西、山东、河北、辽宁等地都有分布，各地均为留鸟。国外见于蒙古、俄罗斯南部和中东地区。
最佳观鸟时间及地区	全年：见于我国北方大部地区。

达乌里寒鸦（寒鸦儿） Daurian Jackdaw; *Corvus dauuricus*

后颈到前胸有大面积白色区域

栖息地：栖息于开阔农田、村落附近、稀疏林地、草原等处。　全长：320mm

识别要点	体形中等偏小的鸦类。羽色黑白相间。从后颈到前胸有较大面积的白色区域，其余部分为黑色，略具蓝色金属光泽。嘴和脚黑色。
生态特征	喜结大群活动，特别是在冬季常集成数百只甚至上千只的大群觅食，食性广，食物包括植物种子、幼苗、腐肉、昆虫等。大群飞行的时候常伴有鸣叫，叫声尖锐。繁殖期在树洞或岩洞中营巢。
分　　布	国内除西部地区外都有分布，在东北北部为夏候鸟，东北南部部分地区为旅鸟，华北、华中、西南地区为留鸟，华东、华南部分地区为冬候鸟。国外见于西伯利亚东部、朝鲜、日本等地。
最佳观鸟时间及地区	秋、冬、春季：华北、西南大部地区。

嘴基部裸露，皮肤浅灰色

王传波·摄

栖息地：多栖息于低山和平原地区的农田、稀树草地等生境，在有些地区夜间会到市区绿化带的乔木上集群过夜。

全长：480mm

识别要点	全身黑色，具紫色金属光泽。嘴黑色，较细而直，嘴基部裸露皮肤浅灰色。脚黑色。
生态特征	喜结群活动，繁殖期常三五成群活动，冬季还会和其他鸦类混群，有时达数百只。多在地面觅食，食性杂，食物包括多种植物种子、昆虫等。繁殖期集群在树顶端营巢。
分　布	国内分布于东北、华北、华中、华东、华南沿海地区和新疆西部。北方多为夏候鸟和留鸟，华南沿海地区为冬候鸟。国外见于欧洲、中东和东亚地区。
最佳观鸟时间及地区	夏季：东北；全年：华北、华中。

297

小嘴乌鸦（老呱儿） Carrion Crow; *Corvus corone*

嘴上缘与头顶无明显转折

陈建中·摄

栖息地：山区、平原农田、村落、果园、城区都有栖息。　全长：500mm

识别要点	大型的鸦类。通体黑色，略具蓝色金属光泽。嘴黑色，较粗大，嘴上缘与头顶无明显转折，脚黑色。
生态特征	喜结群活动，在非繁殖季常结成大群，在较开阔的农田、村落附近、垃圾场等处觅食，食性杂，食物包括各种植物果实、种子、昆虫、腐肉、小动物、人类食物垃圾等。繁殖期在崖壁上或高大树木顶端筑巢。叫声为粗哑响亮的"啊-啊"声。在一些城市中常结群在市区行道树上过夜。
分　布	在我国新疆北部、华中、西南南部、东北、华北北部为留鸟，华东地区、云贵地区为旅鸟，华南南部为冬候鸟。国外见于欧亚大陆、非洲东北部和东亚地区。
最佳观鸟时间及地区	全年：北方大部地区。

大嘴乌鸦（老呱儿） Large-billed Crow; *Corvus macrorhynchos*

嘴上缘与前额交界处有明显折角

张瑜·摄

栖息地：山林、低地农田、林地、村落附近、市区绿化带、垃圾场等处栖息。

全长：500mm

识别要点	体形大小与小嘴乌鸦十分相似，唯嘴部更为粗壮，且嘴上缘与前额交界处呈现出明显的折角。
生态特征	与小嘴乌鸦习性相似，但少结群，常成对或结小群活动。叫声响亮而不似小嘴乌鸦那样带沙哑。繁殖期多在高大乔木上营巢。
分　布	国内除西藏部分地区、新疆和内蒙古北部外，都有分布，为留鸟。国外见于中亚和东南亚地区。
最佳观鸟时间及地区	全年：除新疆外的大部地区。

渡鸦　　　　　　Common Raven; *Corvus corax*

喉部羽毛长
呈锥针状

赵超·摄

栖息地：栖息于较高海拔的开阔山区。　　　　全长：660mm

识别要点	大型的鸦类。通体黑色，嘴黑色，甚粗厚，头显得较大，脚黑色。
生态特征	成对或结小群活动，偶尔也集成较大的群体。常在空中翱翔或翻滚飞行。食性杂，包括植物种子、果实，动物尸体，小动物等都会取食。
分　布	国内见于西部地区和内蒙古，为留鸟。国外见于北美洲及欧亚大陆其他地区。
最佳观鸟时间及地区	全年：华北至西南以北。

河乌科Cinclidae

褐河乌（小乌鸦，小水乌鸦） | Brown Dipper; *Cinclus pallasii*

周身黑褐色

栖息地：海拔3500m的山区溪流、河谷。 | 全长：230mm

识别要点	全身羽毛几乎为一致的黑褐色，眼圈白色。嘴和脚黑褐色。
生态特征	常成对活动，在山区溪流河谷附近栖息。常见立于水中岩石上，能游泳，通常潜入水中在水底行走捕捉水生昆虫、小鱼虾等。繁殖期在溪流附近岩石缝隙或溪流旁树根隐蔽处营巢。
分　布	见于我国东北东部、华北以南各地、新疆西北部，为留鸟，也见于喜马拉雅山脉、南亚。
最佳观鸟时间及地区	全年：除海南外全国各地。

鹪鹩科 Troglodytidae

鹪(Jiào)鹩(Liáo)（山蝈蝈，巧妇）| Wren; *Troglodytes troglodytes*

尾短，站立时常上翘

赵超·摄

栖息地：山区多岩石的溪流附近、沟谷灌丛，迁徙季节也见于平原地区的农田沟渠灌丛生境。

全长：100mm

识别要点	体形小而短圆。全身褐色，密布黑褐色横斑，尾短，站立时尾常上翘。嘴和脚褐色。
生态特征	单独活动，常活动于山区溪流边沟谷灌丛中，活泼好动，运动时尾不停地上翘。捕捉昆虫为食。繁殖期在灌丛、枯枝堆、树洞中、岩石缝隙营巢。
分　布	国内在东北、华北、华中、西北地区、西南地区为留鸟，在华东和华南沿海地区为冬候鸟。国外见于日本、朝鲜、印度、缅甸、俄罗斯、欧洲大部、北美洲、非洲北部。
最佳观鸟时间及地区	全年：全国大部。

302

岩鹨科 Prunellidae

棕眉山岩鹨(Liù)(铃铛眉子) | Mountain Accentor; *Prunella montanella*

眉纹棕黄

沈越·摄

栖息地：山区丘陵岩石灌丛，林缘。　全长：150mm

识别要点	雄鸟头顶、脸侧、眼周黑褐色，侧冠纹黑色，眉纹棕黄，颈侧暗灰色。后颈、肩背部栗红色，具黑褐色羽干纹，翅飞羽和尾羽黑褐色。下体颏、喉、胸部棕黄色，腹部至尾下覆羽皮黄色，两胁具栗褐色纵纹。雌鸟似雄鸟，但羽色较暗淡。嘴暗褐色，脚黄褐色。
生态特征	结小群活动，在山区丘陵岩石、灌丛间觅食，食物包括昆虫、虫卵、植物种子等。繁殖期在树上营巢。
分　　布	国内在东北北部为旅鸟，东北南部、华北地区为冬候鸟。国外见于西伯利亚、朝鲜、日本。
最佳观鸟时间及地区	秋、冬、春季：东北华北。

303

白色眉纹较粗

栖息地：中高海拔山区的开阔灌丛石坡，在人居住区附近也可见到。　　全长：150mm

赵超·摄

识别要点	头顶、眼周、脸颊褐色，白色眉纹较粗，上体灰褐色，具深褐色纵纹；下体棕白色，胸和两胁沾粉色。嘴黑色，脚棕褐色。
生态特征	多单独或成对活动。在开阔灌丛或岩石坡觅食，取食昆虫、植物种子等。不甚畏人。繁殖期在石堆中营巢。
分　　布	见于我国新疆、西藏、四川、甘肃、青海、内蒙古、陕西，为留鸟。也见于中亚及喜马拉雅山脉其他地区、西伯利亚等地。
最佳观鸟时间及地区	全年：西北地区。

鸫科 Turdidae

蓝喉歌鸲(Qú)（蓝靛儿） Bluethroat; *Luscinia svecicus*

雄鸟喉胸部有蓝色和栗红色相间的图案

栖息地：近沼泽湿地的灌丛、林缘草丛。　　全长：140mm

识别要点	体形中等，雄鸟色彩艳丽，上体自额部至尾上覆羽暗褐色，眉纹白，眼先、耳羽灰褐色。翅飞羽暗褐色，中央一对尾羽黑褐色，外侧尾羽先端黑褐色，基部栗红色。下体颏部白色，颊纹白，下颊纹蓝色，喉、胸部有蓝色和栗红色相间的图案。腹部苍白色，两胁灰褐色。雌鸟似雄鸟，但羽色较暗淡。嘴黑色，脚肉褐色。
生态特征	常活动于近水沼泽的暗灌丛或苇丛地面上，性隐蔽，穿梭于茂密的草丛间不易见到，常不断地停下来作出抬头并打开尾羽的动作。主要捕捉昆虫为食，偶尔也吃植物种子。叫声悦耳动听。繁殖期在灌丛或草丛地面上营巢。
分　布	几乎全国范围内都有分布，在东北北部、新疆西北部为夏候鸟，华南南部和西南南部为冬候鸟，其他大部分地区为旅鸟。国外见于欧亚大陆、印度和东南亚，阿拉斯加。
最佳观鸟时间及地区	春、秋季：东部大部地区。

红喉歌鸲（红点颏）

Siberian Rubythroat; *Luscinia calliope*

雄鸟有明显的白色眉纹、颊纹

雄鸟颏至喉具鲜红的块斑

沈越·摄

栖息地：林地、农田、灌草丛等区域。　　　全长：160mm

识别要点	小型鸣禽，嘴黑褐色，雄鸟有明显的白色眉纹、颊纹。颏至喉具鲜红的块斑。上体橄榄褐色，下体浅褐至腹部转为白色或淡棕黄色。雌鸟眉纹及颊纹不显，颏和喉不具红色，年龄偏大的雌鸟会出现不如雄鸟鲜艳程度的红色块斑。
生态特征	多单独或成对活动。栖息于林地、农田、灌草丛等地带。喜食甲虫、蟋蟀、蚂蚁、鳞翅目幼虫等昆虫。善于鸣啭。
分　布	繁殖在我国东北、西北和内蒙东北部地区，包括黑龙江、吉林、青海、宁夏、甘肃等地区，迁徙时陆续出现在南北各地，越冬在云南、广西、广东、香港、海南和台湾。国外主要分布于古北界东部和俄罗斯西部。
最佳观鸟时间及地区	全年：参考上述分布地区。

306

蓝歌鸲（蓝靛干杠儿） Siberian Blue Robin; *Luscinia cyane*

雄鸟上体
亮蓝色

舒晓南·摄

栖息地：平原至中低海拔山区的林下灌丛、溪流附近的灌草丛，市区园林也可见到。

全长：140mm

识别要点	雄鸟上体自头顶至尾上覆羽包括翅膀均为亮蓝色，眼先、颊部黑色，向后延伸至胸侧。尾羽黑褐色，下体白色，两胁和覆腿羽蓝色。雌鸟上体橄榄褐色，尾上覆羽浅蓝色，尾羽黑褐，下体棕白色，两胁橄榄褐色。嘴黑褐色，脚肉粉色。
生态特征	单独或成对活动，性隐蔽，不易见到。通常都在茂密而潮湿的灌丛下穿梭觅食，尾羽常上下扭动。捕捉昆虫，偶尔也吃植物种子。繁殖期在地面营巢。
分　布	国内在东北和华北北部繁殖，华北、华中、华南和西南地区为旅鸟，少数在东南沿海越冬。国外见于东北亚、印度、东南亚地区。
最佳观鸟时间及地区	春、秋季：东部大部地区。

307

红胁蓝尾鸲 [蓝尾 (Yǐ) 巴根儿，大眼贼，大眼贼子]

Red-flanked Bush Robin; *Tarsiger cyanurus*

胁部橙红色

王吉衣·摄

栖息地：山地和平原地区的林地、林缘、灌丛、果园，市区园林也有分布。

全长：140mm

识别要点	雄鸟头顶、脸侧、肩背部至尾上覆羽灰蓝色，尾羽黑褐色，羽缘蓝色；翅飞羽蓝褐色；眉纹白色，下体颏、喉部白色，胸部略灰色，两胁橙红色，下体余部白色。雌鸟除尾羽淡灰蓝色外，余部相应于雄鸟蓝色的区域为褐色。嘴黑色，脚灰色。
生态特征	单独或成对活动，常在树杈间和地面上跳跃觅食，停歇时尾羽常上下不停地摆动。主要捕捉昆虫为食，偶尔吃植物种子和果实。繁殖期在地面营巢。
分　布	国内在黑龙江、青海东部、甘肃南部、陕西南部、四川、西藏东部为夏候鸟，在云南西北部和西藏东南部地区为留鸟，东北南部、华北、华中地区为旅鸟，南方为冬候鸟。也见于东北亚、喜马拉雅山脉和东南亚地区。
最佳观鸟时间及地区	夏季：东北、华北；秋、冬、春季：华北以南大部。

翅具一大的白色斑块

栖息地：中低海拔的山区林缘、村落附近，尤喜在村落菜地、厕所、猪舍等附近活动。

全长：210mm

识别要点	体形较大的黑白色鸲。雄鸟头胸部、肩、背至尾上覆羽都为黑色，闪蓝色光泽，中央2对尾羽黑色，外侧尾羽白色。翅飞羽黑褐色，内侧具一大的白色斑块，下体腹部和尾下覆羽白色。雌鸟似雄鸟，但羽色较暗淡，头胸部为青灰色，两胁和尾下覆羽浅棕色。嘴和脚黑色。
生态特征	常活动于村落附近的围墙、屋顶上、菜地篱笆前，性活泼，静立时常展翅翘尾，善鸣叫，叫声婉转动听，常被捕做笼养。食物主要为昆虫，特别爱在厕所、粪堆、猪舍附近捕捉蝇类和蛆，偶尔也吃植物种子。繁殖期在树洞中、房屋瓦砾下营巢。
分 布	国内在华中、华东、华南和西南地区都有分布，为留鸟。国外见于印度和东南亚地区。
最佳观鸟时间及地区	全年：南方各地。

309

赭红尾鸲（火燕儿，火焰焰）

Black Redstart; *Phoenicurus ochruros*

无白色翅斑

朱雷·摄

栖息地：较为开阔的苗圃、园林、农田和村落附近。　　　全长：150mm

识别要点	雌、雄体形和羽色都与北红尾鸲的雌雄个体相似，但无白色翅斑，也整体偏棕褐色更重一些。
生态特征	似北红尾鸲，但栖息于较为开阔的生境。
分　布	国内见于西部、西南地区和华北西部，为夏候鸟和留鸟。国外见于欧亚大陆北部和非洲东北部。
最佳观鸟时间及地区	全年（或夏季）：西部、西南地区和华北西部。

北红尾鸲 [倭（Wō）瓜燕儿]

Daurian Redstart; *Phoenicurus auroreus*

翅具白斑

王吉衣·摄

栖息地：平原和山区的林地、林缘、灌丛、城市园林中也可见到。　　全长：150mm

识别要点	中等体形的鸲类。雄鸟头顶至后颈为苍灰色，肩背黑褐色，尾上覆羽棕红色。中央一对尾羽暗褐色，外侧尾羽棕红。翅飞羽黑褐色，翅上具较大的白色斑块，头侧、额、喉和胸部黑色，下体余部棕红色。雌鸟通体大部橄榄褐色，也具白色翅斑，尾羽棕红。嘴和脚黑色。
生态特征	单独或成对活动，常立于枝头不断地抖动尾巴。取食昆虫、植物种子和果实。繁殖期在石缝、墙壁洞穴中筑巢。
分　　布	国内除新疆、西藏西部外见于各地。在东北、华北、华中地区西部为夏候鸟和旅鸟，少量冬候，华南、华东、西南大部分地区为冬候鸟。国外见于东北亚、日本、中南半岛地区等。
最佳观鸟时间及地区	夏季：东北；全年：华北以南大部。

311

蓝额红尾鸲（中国蓝额）

Blue-fronted Redstart; *Phoenicurus frontalis*

额和眉纹钴蓝色

沈越·摄

栖息地：较高海拔的山坡灌丛、草地。　　　　全长：160mm

识别要点	雄鸟头、颈、胸、上背深蓝色，额和眉纹钴蓝色，不甚明显。两翅黑褐色，尾羽黑褐色，外侧尾羽基部具大的棕红色斑，腹部、背和尾上覆羽橙褐色。雌鸟头、颈、上背、下体灰褐色，余部似雄鸟。嘴和脚黑色。
生态特征	单独或成对活动，迁徙时结小群。常站在灌丛枝头突出处，尾部上下抖动，从栖处飞扑出去捕捉昆虫，也吃植物果实。
分　布	见于我国西藏、青海、甘肃、宁夏、陕西南部、四川、贵州、云南，为留鸟和夏候鸟。也见于喜马拉雅山脉、缅甸、中南半岛地区。
最佳观鸟时间及地区	全年：甘肃、四川、西南地区。

312

红尾水鸲（石燕儿）

Plumbeous Water Redstart; *Rhyacornis fuliginosus*

雄鸟尾羽棕红色

赵超·摄

栖息地：海拔800~4000m的山区溪流岩石滩附近。　　全长：140mm

识别要点	体形较小，雄鸟除腰、臀和尾羽栗红色，其余部位色深青灰色，头部眼先色较深，翅飞羽黑褐色。雌鸟上体青褐色，尾上覆羽白色，尾羽棕红色，羽基白色，十分显眼，下体灰白色，深灰色羽缘组成较密的横纹。嘴黑色，脚褐色。
生态特征	单只或成对活动于山间溪流岸边或岩石堆间，叫声为响亮的"吱吱"声，常边飞边叫，站立时常摆动尾羽。食物主要为昆虫，也吃植物种子、浆果等。繁殖期在山间溪流岩石缝中营巢。
分　布	国内从华北以南（包括华北北部）各地都有分布，为留鸟。也见于巴基斯坦、喜马拉雅山脉其他地区和中南半岛北部。
最佳观鸟时间及地区	全年：华北及以南地区。

313

白顶溪鸲（白顶溪红尾，白顶水，看水童子）

White-capped Redstart; *Chaimarrornis leucocephalus*

头顶白色

赵超·摄

栖息地: 低山区至较高海拔山区的多砾石的溪流附近。　　　全长: 180mm

识别要点	体形较大的鸲类，雌雄相似。头顶至后枕部白色非常显著，脸侧、肩背部、额、喉和胸部黑色，尾上覆羽深栗红色。翅飞羽黑褐色，尾羽栗红色，羽端黑色。下体自腹部至尾下覆羽栗红色。嘴和脚黑色。
生态特征	常单独活动于山区溪流旁的岩石堆上，飞行快速，常边飞边叫，飞落后不停地点头并抖动尾羽。主要捕捉昆虫为食，也吃植物种子。繁殖期在溪流延岸石缝中营巢。
分　布	国内在华北、华中、西南地区和西藏南部为留鸟，华东部分地区为夏候鸟，华南南部为冬候鸟。也见于中亚、喜马拉雅山脉其他地区、印度和中南半岛地区。
最佳观鸟时间及地区	全年：华北至西南地区。

314

白额燕尾（小剪尾，点水鸦雀）
White-crowned Forktail; *Enicurus leschenaulti*

额部白色

尾羽具白色斑

陈建中·摄

| 栖息地：山区多岩石的溪流，河滩。 | 全长：250mm |

识别要点	身体黑白相间，额部白色，头、颈、肩、背、胸部黑色，腰白色，尾羽黑色，具白色端斑和横斑。翅黑色，内侧飞羽羽端白色，翅上具一道宽的白色翅斑，下体余部白色。嘴黑色，脚肉粉色。
生态特征	单独或成对活动于山间多岩石的溪流附近，活泼好动，飞行呈波浪状，边飞边叫，叫声尖锐。在岩石上或溪流边行走觅食昆虫。
分　　布	国内见于华北以南地区，为留鸟。国外见于印度北部、东南亚地区。
最佳观鸟时间及地区	全年：黄河以南各地。

315

黑喉石䳭（Jī）（石栖鸟，谷尾鸟，黑喉鸲）

Stonechat; *Saxicola torquata*

雄鸟头大部分黑色

苟军·摄

栖息地：开阔农田、草地、稀疏灌丛。　　　全长：140mm

识别要点	雄鸟头大部黑色，头顶后部至后颈、背部黑褐色，羽缘棕色，腰和尾上覆羽白色，尾羽黑褐色，羽缘色浅；翅飞羽黑褐色，外缘棕色，翅上具一显著的白色斑块。下体胸部和两胁棕红色，颈侧有一白斑，腹部白色。雌鸟整体偏褐色。嘴、脚黑色。
生态特征	单独或成对活动，常站立在低矮灌丛枝头，飞下捕捉地面的昆虫，有时也会捕捉路过的飞虫，然后再返回栖息处。主要吃昆虫，偶尔吃少量杂草种子。繁殖期在石坡缝隙凹陷处营巢。
分　　布	国内在东北、华中、西南地区、新疆北部、西藏东部为夏候鸟，东部大部分地区为旅鸟，东南地区有越冬个体。国外见于欧亚大陆、非洲。
最佳观鸟时间及地区	春、夏、秋季：全国大部；冬季：华南。

穗䳭（麦穗，石栖鸟）　Wheatear; *Oenanthe oenanthe*

黑色贯眼纹

张瑜·摄

栖息地：开阔原野、草原、半荒漠草地灌丛。　全长：150mm

识别要点	体小，腹部显得较粗胖。雄鸟头顶至背部蓝灰色，具白色眉纹和黑色贯眼纹。腰白，尾羽黑而外侧尾羽具白色基部。翅黑褐色，下体颏、喉、胸部棕黄，腹部皮黄，尾下覆羽白色。雌鸟似雄鸟，但羽色较暗淡，深色区域为灰褐色。嘴和脚黑色。
生态特征	单独或成对活动，站立时姿态挺拔，在地面多跳跃行走，然后站立寻找食物，捕食昆虫为主，也吃少量植物种子。繁殖期在地面土坡石缝中营巢。
分　布	国内见于新疆北部、内蒙古、陕西、山西北部、河北北部，东北地区西北部，为夏候鸟。国外见于欧亚大陆北部、非洲。
最佳观鸟时间及地区	春、夏、秋季：新疆、内蒙古。

白顶鵖（黑喉白顶白头，白朵朵）

Black-eared Wheatear; *Oenanthe hispanica*

头顶至后颈白色

赵超·摄

栖息地：干旱较贫瘠的多卵石草地、村落附近、农田。　全长：150mm

识别要点	雄鸟头顶至后颈白色，脸侧、颈侧、喉部黑色，上体肩背部、翅膀黑色，尾上覆羽白色，尾羽黑色，外侧尾羽基部具大白斑，飞行时十分明显。下体余部白色，胸部微沾浅沙褐色。雌鸟头部、上体褐色，羽缘色浅，翅暗褐色，羽缘黄白色，两胁棕黄，余部似雄鸟。嘴和脚黑色。
生态特征	栖息于较为开阔的生境，常站立在较突出的灌丛枝头或突出的石块、土堆上，伺机飞出捕捉昆虫，主要以各种昆虫为食。繁殖期在石头缝隙中营巢。
分　布	国内从新疆北部向东至辽宁地区都有分布，为夏候鸟。国外见于阿拉伯、中东、蒙古、非洲东北部。
最佳观鸟时间及地区	春、夏、秋季：华北、新疆、内蒙古。

眉纹乳白色

沈越·摄

栖息地：半干旱地区的矮灌丛、荒漠草场。　全长：160mm

识别要点	体形稍大，雌雄相似。上体头顶至肩背部沙褐色，略偏粉，具乳白色眉纹和不甚明显的棕色贯眼纹，尾上覆羽白色，尾羽黑，外侧尾羽基部白色。翅褐色，羽缘灰褐色。下体颏、喉部白色沾黄色，前颈、胸部棕黄，腹部尾下覆羽乳白色。嘴和脚黑色。
生态特征	似穗鵰，但站立时身体更直。
分　布	见于新疆、青海、甘肃、山西北部、内蒙古，为夏候鸟。也见于欧洲东南部、中东、喜马拉雅山脉西北部、俄罗斯东南部、蒙古、印度西北部、非洲中部。
最佳观鸟时间及地区	春、夏、秋季：华北、新疆、内蒙古。

蓝矶（Jī）鸫（Dōng）（石青儿）

Blue Rock Thrush; *Monticola solitarius*

通体蓝色

沈越·摄

栖息地：多岩石的山区林地，溪流附近。

全长：230mm

识别要点	雄鸟羽色艳丽，通体蓝色或头颈、肩背、喉胸部都为蓝色。飞羽和尾羽黑褐色，下体自下胸部以下为栗红色。雌鸟整体偏黄褐色，下体密布深色横纹。嘴和脚黑褐色。
生态特征	单独活动，常立于突出的岩石上或枝头，飞落到地面上捕捉昆虫，食物主要为各种昆虫。叫声悦耳。繁殖期在石缝间筑巢。
分　布	国内在东北和华北地区为夏候鸟，华北以南大片地区和新疆西北部为留鸟。国外广泛分布于欧亚大陆和东南亚。
最佳观鸟时间及地区	春、夏、秋季：东北、华北；全年：华北以南地区。

320

紫啸鸫（呜鸡儿） Blue Whistling Thrush; *Myophonus caeruleus*

浅色点状斑

栖息地：山间溪流附近的岩石、灌丛。

赵超·摄

全长：300mm

识别要点	体形较大，全身羽毛深蓝紫色，并具闪亮的浅色点状斑。嘴黑色或黄色，脚黑色。
生态特征	单独活动，多在山间溪流旁的岩石灌丛中寻觅食物，叫声为洪亮的"嘀-嘀-嘀"声，站立时常做出打开尾羽的动作。食物主要为昆虫，也食野生浆果。繁殖期在溪流旁石缝间筑巢。
分　　布	国内在新疆西部为冬候鸟，华北至西南大部为夏候鸟，西南部分地区为留鸟。国外见于欧亚大陆和东南亚地区。
最佳观鸟时间及地区	春、夏、秋季：华北及以南地区。

虎斑地鸫（虎斑山鸫，虎鸫）　Scaly Thrush; *Zoothera dauma*

密布鳞状斑

沈越·摄

栖息地：平原至中海拔山区的林地，一些市区公园也有分布。　全长：280mm

识别要点	体形较大的地鸫，雌雄相似。上体均呈橄榄褐色，各羽具黑色端斑和浅棕色次端斑。眼先和眼周白色，耳羽具黑色端斑，形成一道斑纹。翅飞羽黑褐色，具一道白色翅斑。尾羽橄榄褐色，具小的白色端斑。下体在颏、喉部棕白色，具黑色髭纹，胸腹和尾下覆羽白色，羽缘黑色。嘴暗褐色，脚肉色。
生态特征	常单独活动，在密林和灌丛下地面上穿行觅食，行动隐蔽，不易发现。食物包括昆虫，也吃植物种子和果实。繁殖期在树上营巢。
分　布	全国范围都有分布，在东北北部和西南地区为夏候鸟，华东南部、华南地区为冬候鸟，其他地区为旅鸟。国外见于欧洲、亚洲各处。
最佳观鸟时间及地区	春、秋季：除新疆西藏大部地区；冬季：华南。

322

雄鸟头、颈和上胸部黑色

胁部棕红色

沈越·摄

栖息地：高山和丘陵中的林地。　　全长：220mm

识别要点	雄鸟头、颈和上胸部黑色，上体余部、翅上覆羽和尾暗灰色，飞羽黑褐色；下体在下胸、两胁棕红色，腹部中央白色。雌鸟上体为橄榄褐色，喉白而多黑色纵纹，胸部褐色具黑色纵纹，余部似雄鸟。嘴和脚橘黄色。
生态特征	常单独活动，在针叶林或混交林下地面翻找食物，食物包括植物种子果实和昆虫。
分　布	国内见于云南、广西和贵州，为留鸟。国外见于印度东北部和中南半岛北部。
最佳观鸟时间及地区	全年：云南、广西、贵州。

乌鸫（白舌，反舌，黑鸟）　Blackbird; *Turdus merula*

嘴黄色

全身黑色

赵超 摄

栖息地：多种类型的林地、林缘、村落树林中，城市园林中也可见到。全长：290mm

识别要点	中等体形。雄鸟全身黑色，雌鸟偏褐色。嘴和眼圈黄色，脚黑色。
生态特征	喜结群活动，较为吵闹，主要在地面觅食，翻找蚯蚓等无脊椎动物，也会取食植物种子和果实。繁殖期在树上营巢。
分　　布	国内除东北、内蒙古和新疆北部、西藏西部地区外都有分布，为留鸟。国外见于欧亚大陆、北非、中南半岛地区。
最佳观鸟时间及地区	全年：除东北外大部地区。

赤颈鸫（红脖子穿草鸡儿） Dark-throated Thrush; *Turdus ruficollis*

颏、喉及胸部栗红色

张永·摄

栖息地: 平原和丘陵山区稀疏林地、林缘、灌丛，城市园林也可见到。　全长: 250mm

识别要点	雄鸟自头顶至尾上覆羽灰褐色，眉纹锈红色，眼先深褐色，眼后、耳羽灰褐色。翅飞羽灰褐色，中央尾羽灰褐，外侧尾羽棕栗色。下体颏、喉及胸部栗红色，余部灰白色，两胁略具纵纹。雌鸟羽色稍暗淡，喉、胸部多深色纵纹。嘴黑褐色，下嘴基黄色；脚暗褐色。
生态特征	单独或成小群活动，也常与斑鸫混群活动。在地面和树上觅食，常站立不动注视地面寻找食物，食物包括昆虫、蚯蚓、植物种子、果实等。繁殖期在树上或地面营巢。
分　布	在我国西北部分地区为夏候鸟，华中、西南、东北、华北为旅鸟，西南南部为冬候鸟。也见于亚洲中北部和喜马拉雅山脉。
最佳观鸟时间及地区	秋、冬、春季、北方大部地区。

325

斑鸫（穿儿鸡儿，穿草鸡儿）Dusky Thrush; *Turdus naumanni*

黑色纵纹

栖息地: 平原和低山地区较为开阔的草地、田野，市区公园也有分布。　全长: 250mm

识别要点	雄鸟头顶之后颈、耳羽黑褐色，羽缘灰色，眼先黑色，眉纹污白色。上体肩背部黑褐色，羽缘浅棕色，腰和尾上覆羽棕褐色。翅上覆羽棕褐色，飞羽和尾羽黑褐色。下体颊、喉部淡棕白色，具黑色纵纹，胸、腹灰白色，各羽中央具宽黑斑。雌鸟似雄鸟，稍暗淡。嘴黑褐色，下嘴基色浅，脚淡褐色。
生态特征	单独或集群活动，在草地上穿梭觅食，也常与其他鸫类混群。食物包括昆虫、植物种子、果实等。繁殖期在树上或地上筑巢。
分　布	国内除西藏外见于各省，北方多为旅鸟，南方为冬候鸟。国外见于东北亚地区。
最佳观鸟时间及地区	秋、冬、春季: 北方大部; 冬季: 南方地区。

宝兴歌鸫（歌鸫，花穿草鸡儿）
Chinese Thrush; *Turdus mupinensis*

翅上具两道白色翅斑

舒晓南·摄

栖息地: 低地至中海拔山区的针阔混交林、针叶林。　　　全长: 230mm

识别要点	体形中等。上体橄榄褐色，眼先、眼周、眉纹、颊部和颈侧淡棕白色，耳羽各羽具黑色羽端，在耳羽区后缘形成显著的黑色斑块。翅上具两道白色翅斑，翅飞羽和尾羽暗褐。下体颏、喉部棕白色，喉部缀黑斑，下体余部白色，满布黑色点斑。嘴暗褐色，下嘴基淡黄，脚肉褐色。
生态特征	单独或结小群活动，在山区林地灌丛穿梭，觅食各种昆虫和植物果实，繁殖期在树杈间营巢。
分　布	为我国特有种，见于河北、陕西南部、甘肃、四川、云南，北方为夏候鸟，南方多为留鸟。
最佳观鸟时间及地区	全年: 中部地区。

鹟科 Musciapidae

乌鹟（Wēng）　Sooty Flycatcher; *Muscicapa sibirica*

乌褐色粗纵纹

舒晓南·摄

栖息地：平原和山区的林地、林缘、灌丛，市区园林也有分布。　全长：130mm

识别要点	体形较小，上体乌褐色，眼周白色眼圈较明显，翅飞羽和尾羽黑褐色，初级飞羽羽缘棕褐色。下体近白，胸部和两胁杂以乌褐色粗纵纹，喉部通常具一道白色的半颈环。嘴和脚黑色。
生态特征	单独活动，栖息于树林和灌丛间，立于横枝上伺机飞出捕捉飞行的昆虫，然后返回栖处。繁殖期在树上营巢。
分　　布	国内在东北和西南地区繁殖，中部和东部地区为旅鸟，华南南部和东南沿海地区为冬候鸟。也见于东北亚、喜马拉雅山脉、东南亚等地。
最佳观鸟时间及地区	夏季：东北；春、秋季：全国大部地区。

北灰鹟　　　Asian Brown Flycatcher; *Muscicapa dauurica*

胸部和两胁
略呈苍灰色

张锡贤·摄

栖息地：平原及山区的林地、林缘、村落附近、城市园林等。　　全长：130mm

识别要点	上体羽呈灰褐色，眼先和眼圈污白色，翅和尾羽黑褐色。下体污白色，胸部和两胁略呈苍灰色。嘴黑色，基部宽阔，下嘴基黄色，脚黑色。
生态特征	单独活动，长栖息于较突出的枝头，寻觅飞行的昆虫，确定目标后快速飞出在空中将其捕捉，然后返回栖枝，而后尾巴会做颤动状。主要捕食各种昆虫。
分　布	国内在东北中北部地区为夏候鸟，东北南部，华北向南至华南北部地区为旅鸟，西南南部和华南南部为冬候鸟。国外见于东北亚、印度及东南亚地区。
最佳观鸟时间及地区	夏季：东北；春、秋季：全国大部地区。

329

白眉姬鹟（鸭蛋黄儿）

Yellow-rumped Flycatcher; *Ficedula zanthopygia*

雄鸟眉纹
白色

沈越·摄

栖息地：平原和低山区的林地、高灌丛，城市园林中也可见到。 全长：130mm

识别要点	体形较小，雄鸟羽色鲜艳，上体头顶、头侧、肩背、尾羽黑色。眉纹白色。翅大部分黑色，内侧具大的白色斑块。下体和腰部显黄色，尾下覆羽白色。雌鸟上体头顶至肩背暗黄绿色，飞羽和尾羽暗褐色，下体在颏、喉和上胸部具灰褐色横纹。嘴和脚铅黑色。
生态特征	单独活动于山区林地，捕捉昆虫。繁殖期雄鸟常站立于树冠顶端突出树枝上鸣叫，叫声婉转动听，在树洞中营巢。
分　布	国内在东北、华北、华中和华东地区为夏候鸟，西南、华南和华东南部为旅鸟。国外见于东北亚和东南亚地区。
最佳观鸟时间及地区	春、夏、秋季：东北、华北；春、秋季：南方地区。

330

鸲姬鹟（麦鹟）

Robin Flycatcher; *Ficedula mugimaki*

颏喉部、胸部及上腹橘黄色

朱雷·摄

栖息地：平原和山区的林地、林缘，城市园林中也有分布。　　　　全长：130mm

识别要点	体形与红喉姬鹟相似，雄鸟上体灰黑色，眼后具一狭窄的白斑，翅上有一大的白色斑块；尾羽黑褐色，外侧尾羽基部白色；颏喉部、胸部及上腹橘黄色，下体余部白色。雌鸟似雄鸟，但羽色较暗淡，整体偏灰，翅斑小，尾羽无白斑。嘴和脚黑色。
生态特征	似红喉姬鹟。
分　布	国内在东北繁殖，华北、华东地区为旅鸟，华南南部为冬候鸟。国外见于亚洲北部，冬季迁到东南亚地区。
最佳观鸟时间及地区	春、秋季：华北、华东；夏季：东北；冬季：华南南部。

红喉姬鹟 [黄点颏（ Ké ）嗞啦子]

Red-breasted Flycatcher; *Ficedula parva*

颏、喉部红色

赵超·摄

栖息地：平原和山区的林地、林缘、灌丛。　　全长：130mm

识别要点	雄鸟头顶、脸侧、肩背至腰部灰褐色，眼先和眼周污白色。尾上覆羽黑褐色，尾羽黑褐色，外侧尾羽基部白色，翅飞羽和覆羽暗褐色。下体颏、喉部呈红色，喉部外侧和胸部淡灰色，腹侧和两胁棕灰色，腹中央至为下覆羽白色。雌鸟似雄鸟非繁殖羽，喉部为污白色或略显橙黄色。嘴和脚黑色。
生态特征	常单独活动，较为活泼。常停留在树冠顶枝上，见昆虫飞过，突然起飞捕捉。鸣叫声较粗糙，并且鸣叫时常伴有翘尾羽的动作。食物以昆虫为主。繁殖期在树洞中营巢。
分　布	国内主要见于东部地区，大部分地区为旅鸟，华南南部为冬候鸟。国外见于整个欧亚大陆。
最佳观鸟时间及地区	春、秋季：全国大部；冬季：华南南部。

白腹蓝姬鹟 Blue-and-white Flycatcher; *Cyanoptila cyanomelana*

上体钴蓝色

栖息地: 低山带的森林生境。 全长: 170mm

沈越·摄

识别要点	体形较大的姬鹟，雄鸟头顶至枕部、肩背、腰部都为钴蓝色。翅飞羽黑褐色，尾羽蓝黑色，外侧尾羽局部白色。头侧、额、喉和上胸蓝黑色，下体余部白色。雌鸟上体为灰褐色，喉部、腹部白色，胸侧和两胁淡褐色。嘴和脚黑色。
生态特征	单独或小群活动，多栖息于较高山地的阔叶林、针阔混交林中，具有鹟类的典型捕食方式。繁殖期在树洞中、岩石缝中营巢。
分 布	国内在东北地区为夏候鸟，华北以南大片地区为旅鸟，在海南、台湾为冬候鸟。国外见于东北亚和东南亚地区。
最佳观鸟时间及地区	夏季：东北、华北北部；春、秋季：东部大部地区；冬季：海南、台湾。

333

| 铜蓝鹟 | Verditer Flycatcher; *Eumyias thalassina* |

眼先和眼下方黑色

栖息地：中低海拔山区的林地、林缘。　　　　　　　　　　全长：160mm

识别要点	雄鸟通体为艳丽的铜蓝色，眼先和眼下方黑色，翅和尾深蓝色并略带黑褐色，尾下覆羽羽端白色。雌鸟似雄鸟，但羽色较暗淡，下体尤为灰暗。嘴和脚黑色。
生态特征	常成对活动于林下灌丛间，有时也会停在高枝处鸣叫，捕捉昆虫为食。
分　布	国内分布于陕西以南大部分地区，多为夏候鸟，在华南南部为冬候鸟。国外见于印度和东南亚。
最佳观鸟时间及地区	春、夏、秋季：华南、西南地区；冬季：华南南部。

王鹟科 Monarchinae

寿带 [紫练 (棕红色雄、雌)，白练 (白色雄)]

Asian Paradise Flycatcher; *Terpsiphone paradisi*

—— 雄鸟尾羽极长

虞海燕·摄

栖息地：山区、丘陵地带的林地和灌丛。　全长：雄鸟400mm　雌鸟200mm

识别要点	雌雄相似，但雄鸟具有极长的尾羽，特征明显。头颈部蓝黑色，具羽冠。上体、翅、尾羽栗色。下体白色为主，胸部苍灰色。有些雄性个体除头颈外，身体为白色。眼圈、嘴呈钴蓝色。脚铅灰色。
生态特征	活动于山区林地灌丛，常与其他小鸟混群。飞行较缓慢，雄鸟长尾羽在飞行中拖曳着十分漂亮。食物主要为昆虫，能在空中捕捉飞行的昆虫。繁殖期在灌丛树杈间营巢。
分　　布	国内分布于东北东部、华北、向南至华南各地，华南南部和新纳地区南部为留鸟，其余地方为夏候鸟。国外见于土耳其、印度和东南亚地区。
最佳观鸟 时间及地区	夏季：东北；春、夏；秋季：华北及以南大部地区。

画眉科 Timaliidae

黑脸噪鹛 (Méi) (十姐妹)

Spectacled Laughingthrush; *Garrulax perspicillatus*

额和头侧到耳区
黑褐色

王吉衣·摄

| 栖息地: 低山、丘陵地区的灌草丛、稀疏林地。 | 全长: 300mm |

识别要点	体形较大。额和头侧到耳区黑褐色,头顶、后颈、上胸和肩背部灰褐色,两翅和尾羽暗褐色,尾羽羽端色深。下体下胸至腹部棕白色,尾下覆羽棕黄色。嘴黑褐色,脚淡褐色。
生态特征	结小群活动于灌丛、低矮树丛间,性喧闹,在地面取食,食物主要为昆虫、植物种子和果实等。繁殖期在灌丛、树木低枝上营巢。
分 布	国内见于从山西以南、四川以东的大部分区域,为留鸟。国外见于越南北部。
最佳观鸟时间及地区	全年: 华北以南地区。

山噪鹛（黑老婆，大飞窜儿，山画眉）
Plain Laughingthrush; *Garrulax davidi*

嘴黄绿色、稍向下弯

赵超·摄

栖息地：低山之海拔3000m的山麓灌丛、林地。 | 全长：250mm

识别要点	中等体形，头顶色较暗，眼先灰白色，眼圈、眉纹和耳羽淡褐色，体羽以灰褐色为主。尾羽和翅飞羽黑褐色，飞羽外缘灰白色。下体在颏部黑褐色，余部浅灰褐色。嘴黄绿色，稍向下弯，脚浅褐色。
生态特征	经常3～5只结成小群在山坡灌丛中穿梭跳跃，非常活跃，常用嘴在地面翻找食物，取食植物种子、果实、昆虫等。叫声多样婉转悦耳。繁殖期在灌丛中筑巢。
分 布	为我国特有种，分布于东北地区西南部、河北、陕西、山西、甘肃、宁夏、青海、四川，均为留鸟。
最佳观鸟时间及地区	全年：辽宁、华北地区、甘肃、青海等。

眼圈白，向后
延伸至耳羽后

王吉衣·摄

栖息地：低山区的稀疏林地、林缘、灌丛、村落附近。	全长：220mm

识别要点	羽色较为单一，整体为橄榄褐色，额与头顶棕色显著，眼圈白，向后延伸至耳羽后，成眉毛状，故取名"画眉"。额至上背、胸部都有黑褐色的纵纹，翅飞羽和尾羽暗褐色，腹部中央较灰。嘴和脚黄色。
生态特征	集群活动于山区田园灌丛间，性隐匿，在枝叶下穿来穿去，寻找食物，主要吃昆虫，植物种子等。繁殖期在低矮灌丛间营巢。可以说是最为大众所熟知的鹛类，因叫声悦耳多变且会模仿其他声音而经常遭捕捉笼养。
分　布	国内华中南部地区都有分布，为留鸟。国外见于中南半岛北部。
最佳观鸟时间及地区	全年：黄河以南地区。

眼先、眉纹和颊部浅棕色

栖息地：中低海拔山区的稀疏林地、灌草丛、竹林、也光顾村落农田附近。

全长：240mm

识别要点	中等体形的噪鹛。头部眉纹、眼先和颊部为非常浅的棕色，头余部深褐色。上体肩背至尾上覆羽橄榄褐色，翅和尾暗褐色。下体颏至上胸栗褐色，下胸和腹部淡棕黄色，尾下覆羽红棕色。嘴黑褐色，脚灰褐色。
生态特征	常结小群活动，在林下灌丛间穿梭，常到地面上翻动落叶寻找食物，偶尔也回到林缘农田草丛中觅食，很少长距离的飞行，经常跳跃，叫声嘈杂。食物主要为昆虫，也吃植物种子、浆果，有时也会取食作物。繁殖期在灌丛间营巢。
分　布	国内见于华中、西南地区、华南、东南地区、海南岛，为留鸟。国外见于印度东北部和中南半岛地区。
最佳观鸟时间及地区	全年：黄河以南地区。

红嘴相思鸟　Red-billed Leiothrix; *Leiothrix lutea*

嘴红色

赵超·摄

栖息地：低山至较高海拔的阔叶林及林下灌丛。　　全长：155mm

识别要点	体形小巧，色彩艳丽。头顶、后颈和肩背部橄榄绿色，眼先和眼周淡黄色，耳羽浅灰色，髭纹灰绿色。翅初级飞羽暗褐色至金黄色，基部有一红色斑块。尾羽近黑色略分叉，下体橙黄色，胸部偏红。嘴红色，脚偏粉色。
生态特征	成群活动，在林间或灌丛中穿梭觅食，取食昆虫、植物种子等。叫声优美动听。繁殖期筑巢于低矮灌丛间。
分　　布	国内分布于华中、华东、西南和华南地区，为留鸟。也见于喜马拉雅山脉其他地区，印度北部、缅甸、越南等地。
最佳观鸟时间及地区	全年：黄河以南地区。

蓝翅希鹛　　Blue-winged Siva；*Minla cyanouroptera*

眼周和眉纹白色

翅初级飞羽外缘蓝色

沈越·摄

栖息地：中海拔山区的森林和林下灌丛。　　　　　全长：150mm

识别要点	头顶至后颈灰褐色，额及头顶具蓝色羽轴纹，侧冠纹蓝黑色，眼周和眉纹白色。上体在肩背部、尾上覆羽为灰绿色。翅初级飞羽外缘蓝色。尾羽深蓝色。下体灰白色，两胁偏浅褐色。嘴黑褐色，脚肉粉色。
生态特征	成对或结小群活动于山区林地，主要吃昆虫和植物种子、果实。
分　布	国内分布于云南、四川、贵州、广西、湖南、海南等地，为留鸟。也见于喜马拉雅山脉其他地区、印度东北部和东南亚地区。
最佳观鸟时间及地区	全年：西南地区。

鸦雀科 Paradoxornithidae

棕头鸦雀(驴粪球) | Vinous-throated Crowtit; *Paradoxornis webbianus*

头顶至上背浅棕色

栖息地：平原和山区的灌丛、矮树林、湿地苇塘。 | 全长：120mm

赵起·摄

识别要点	体形小，嘴短而尾长。头顶至上背浅棕色，下背至尾上覆羽橄榄褐色，尾羽和翅飞羽暗褐色；下体淡棕色，胸部略沾粉色。嘴黑褐色，基部黄褐色，脚铅褐色。
生态特征	结群活动，性活泼，较为吵闹。在灌丛、苇塘间跳跃穿梭，较少远飞。取食昆虫、虫卵，也吃植物种子。繁殖期在灌丛枝杈间营巢。
分　布	国内从东北至西南以东地区都有分布，为留鸟。国外见于朝鲜、韩国和越南北部。
最佳观鸟时间及地区	全年：东部大部地区。

扇尾莺科 Cisticolidae

棕扇尾莺   Zitting Cisticola; *Cisticola juncidis*

头顶褐色

张锡贤·摄

栖息地: 开阔草地、农田、苇塘。   全长: 100mm

识别要点	体形娇小。头顶褐色,羽缘沙黄色,后颈黄褐色,眉纹淡黄或乳白色,贯眼纹深褐色。上体背部黑色,羽缘棕色,下背至尾上覆羽栗色。尾羽棕色,具白色端斑和黑色次端斑。翅飞羽褐色,下体白色,两胁偏棕色。嘴褐色,脚肉粉色。
生态特征	单独活动,活动与开阔草地农田,常在空中振翅悬停、盘旋鸣叫。食物包括植物种子、昆虫等。
分　布	国内从华北以南各地都有分布,北方为夏候鸟,南方多为留鸟。国外见于非洲、欧洲南部、印度、日本和东南亚地区。
最佳观鸟时间及地区	全年: 华北以南大部地区。

山鹛 [长尾（Yǐ）巴狼]

White-browed Chinese Warbler; *Rhopophilus pekinensis*

暗褐色羽干纹

沈越·摄

栖息地：山区坡地灌丛、低矮树林。　　　全长：180mm

识别要点	体形中等，尾长。头顶、脸颊和肩、背至尾上覆羽沙褐色，具暗褐色羽干纹。眉纹灰色，髭纹偏黑。外侧尾羽羽端白色，下体在额、喉、胸、腹部均为白色，微沾皮黄色，胸侧和两胁杂以栗褐色纵纹，尾下覆羽棕褐色。嘴角黄色，脚灰褐色。
生态特征	单独或结小群活动，经常在树之间敏捷跳跃或做短距离飞翔，善鸣叫，但难见其踪迹。主要以昆虫为食，也吃植物种子和果实。繁殖期在灌丛枝上筑巢。
分　布	主要分布于我国，见于新疆、甘肃、青海、陕西、山西、内蒙古、河南、河北、辽宁等地，为留鸟。
最佳观鸟时间及地区	全年：北方大部地区。

纯色山鹪（Jiāo）莺 Plain Prinia；*Prinia inornata*

两胁偏褐

尾羽羽端白

沈越·摄

栖息地：农田、灌丛、草地、苇塘。　全长：150mm

识别要点	上体灰褐色，头顶色较深，眉纹、眼先棕白色，耳区黄色。翅飞羽和尾羽褐色，尾羽羽端微白。下体淡皮黄色，两胁偏褐。嘴近黑色，脚粉红色。
生态特征	常结成小群，活动于草丛、农田间，常立于枝杈间或草茎上鸣叫，取食草子和昆虫。筑巢于草丛中。
分　布	国内见于四川和长江流域以南大片地区，为留鸟。国外见于印度及东南亚。
最佳观鸟时间及地区	全年：长江以南地区。

345

莺科 Sylviidae

强脚树莺（咕噜粪球） | Brownish-flanked Bush Warbler; *Cettia fortipes*

上体橄榄褐色———

沈越·摄

| 栖息地：山区林缘、林下茂密灌丛、草丛。 | 全长：120mm |

识别要点	体形较小，上体概为橄榄褐色，向后逐渐转淡，腰和尾上覆羽暗棕黄色。头部眉纹长，皮黄色。飞羽和尾羽暗褐色，羽缘色浅。下体颏、喉和胸、腹中央近白色，沾灰色。胸侧、两胁和尾下覆羽棕黄色。上嘴黑褐色，下嘴黄色。脚肉褐色。
生态特征	常单个活动，栖息于林下灌丛和草丛中，较隐蔽，不易发现。叫声洪亮悦耳，常能听到，似"你＿＿是谁"的声音。捕食昆虫。
分　布	国内见于华中以南（包括华中），为留鸟。也见于喜马拉雅山脉其他地区、东南亚。
最佳观鸟时间及地区	全年：黄河以南地区。

小蝗莺（苇绒儿） Rusty-rumped Warbler; *Locustella certhiola*

尾羽凸形

张锡贤·摄

栖息地：湿地苇塘、沼泽、稻田、灌丛。　　　　全长：150mm

识别要点	雌雄相似。上体褐色，具黑褐色纵纹，具皮黄色眉纹和黑色贯眼纹。尾羽凸形，黑褐色，先端具灰白色斑。翅飞羽和覆羽黑褐色，羽缘赤褐色。下体颏、喉及腹部近白色，两胁和尾下覆羽橄榄褐色。嘴暗褐色，下嘴基黄褐色。脚暗褐色。
生态特征	常单独活动，在苇塘、草丛中穿梭，活动隐蔽，不易见到。捕食昆虫、偶尔吃少量植物种子。繁殖期在芦苇丛中营巢。
分　布	国内在新疆北部向东到东北北部地区为夏候鸟，华北、华东、华南地区为旅鸟。国外见于亚洲北部和中部和东南亚。
最佳观鸟时间及地区	夏季：东北北部；春、夏、秋季：东部地区。

黑眉苇莺（苇尖儿）

Black-browed Reed Warbler; *Acrocephalus bistrigiceps*

黑褐色侧冠纹

赵超·摄

栖息地：苇塘、近水域的草灌丛。 全长：130mm

识别要点	体形较小，上体黄褐色，淡黄色眉纹上有黑褐色的侧冠纹，贯眼纹细，黑色。翅飞羽和尾羽黑褐色，羽缘色浅。下体污白色，沾棕，胸部和两胁棕色。嘴黑褐色，下嘴基淡褐色。脚暗褐色。
生态特征	活动于芦苇丛中，捕食昆虫，在草丛中或芦苇丛中筑巢。
分　布	国内在东北、华北、华东地区为夏候鸟和旅鸟，华南地区为旅鸟，东南沿海有少量越冬个体。国外见于东北亚、印度和东南亚地区。
最佳观鸟时间及地区	夏季：东北北部；春、夏、秋季：东部地区。

云南柳莺（柳串儿）

Chinese Leaf Warbler; *Phylloscopus yunnanensis*

赵超·摄

栖息地：平原和山区的树林、林缘，迁徙季节城市园林也可见到。　全长：100mm

识别要点	酷似黄腰柳莺，但羽色较为暗淡，眉纹黄色，先端也不似黄腰柳莺那样的橙黄色。
生态特征	似黄腰柳莺。
分　　布	已知分布区国内见于青海、四川向东至华北北部，为夏候鸟和旅鸟。国外见于泰国、缅甸、老挝。
最佳观鸟时间及地区	春、夏、秋季：华北北部、华中、西南地区。

黄眉柳莺(柳串儿)

Yellow-browed Warbler; *Phylloscopus inornatus*

内侧飞羽外
缘灰白色

舒晓南·摄

栖息地：平原和山区的阔叶林、针叶林、针阔混交林，城市园林也可见到。

全长：105mm

识别要点	体形小巧的黄绿色柳莺。上体橄榄绿色，头部眉纹淡黄绿色，顶部具不甚明显的黄绿色顶冠纹，翅上具两道黄白色翅斑，内侧飞羽外缘灰白色。尾羽黑褐色，外缘橄榄绿色。下体近白色，腹部、两胁和尾下覆羽沾青黄色。嘴暗褐色，下嘴基部黄色。脚肉褐色。
生态特征	常结小群活动，在树林的中上层穿梭飞行，觅食昆虫、虫卵等，性活泼好动，也会与其他小鸟混群。
分　布	国内在东北中北部地区繁殖，东北南部、华北、华中、华东地区为旅鸟，华南南部为冬候鸟。国外见于亚洲北部、印度和东南亚地区。
最佳观鸟时间及地区	夏季：东北北部；春、秋季：东北以南大部；冬季：华南、西南南部。

极北柳莺（大柳叶儿） Arctic Warbler; *Phylloscopus borealis*

舒晓南·摄

栖息地：平原和山区的树林、林缘、灌丛、红树林，城市园林。　　全长：102mm

识别要点	体形较大的柳莺，雌雄相似。上体灰绿色，眉纹黄白色，甚显著，贯眼纹颜色较深，翅飞羽和覆羽黑褐绿色，羽缘黄绿色，翅上具一道较细的浅色翅斑，有时还会另有一条较短的模糊翅斑。下体近白色，两胁、胸部沾灰绿色。嘴长，上嘴黑褐色，下嘴黄色。脚肉褐色。
生态特征	单独或结小群活动，在树叶间觅食昆虫、虫卵，叫声悦耳。繁殖期在地面营巢。
分　布	国内见于除新疆、西藏外的各地，在东北北部繁殖，其他地区多为旅鸟，东南沿海地区有少量冬候鸟。国外见于欧亚大陆北部、东南亚、阿拉斯加。
最佳观鸟时间及地区	春、秋季：除新疆、西藏外大部地区。

冕（Miǎn）柳莺（柳串儿）

Eastern Crowned Warbler; *Phylloscopus coronatus*

淡黄绿色顶冠纹

舒晓南·摄

栖息地：平原和山区的各种林地、林缘、高灌丛，市区园林。　　全长：120mm

识别要点	中等偏大的柳莺，上体黄绿色，羽色较为鲜亮，头顶中央有一条淡黄绿色顶冠纹，眉纹浅黄色，贯眼纹暗褐色。翅和尾羽暗褐色，羽缘黄绿色，翅上具一道浅黄绿色翅斑。下体银白色，缀不明显的黄白色纵纹，两胁沾灰，尾下覆羽黄色明显。上嘴黑褐色，下嘴肉褐色。脚铅褐色。
生态特征	单独或混群活动，常在树枝顶端鸣叫，觅食昆虫。
分　　布	国内在东北、华北北部、四川为夏候鸟，东部大部分地区为旅鸟。国外见于东北亚、越冬在东南亚。
最佳观鸟时间及地区	春、秋季：东部地区大部。

戴菊科 Regulidae

戴菊（嗞嗞花儿） | Goldcrest; *Regulus regulus*

顶冠鲜黄色

陈建中·摄

栖息地：栖息于平原和山区的针叶林、针阔混交林，市区园林也有分布。全长：90mm

识别要点	体形娇小，色彩艳丽。雄鸟前额基部、眼先和眼周灰白色，顶冠侧冠纹黑色，顶冠鲜黄色，后端具一橙色斑，头余部和肩背部橄榄绿沾灰色，翅飞羽黑褐色，翅上具2道白色翅斑。尾羽黑褐色，外缘沾绿色。下体颏、喉部污白色，胸部灰白色，羽端沾黄绿色。雌鸟似雄鸟，较暗淡。嘴和脚黑褐色。
生态特征	单独或结小群活动，行动敏捷，活泼好动。多栖息于针叶林中，在树上跳跃穿飞寻找食物，食物主要为昆虫和虫卵。繁殖期在针叶树上营巢。
分　布	国内在东北北部为夏候鸟，中部和西南地区、新疆西部小面积地区为留鸟，东部大部分地区为旅鸟或冬候鸟。也见于欧洲、西伯利亚、中亚及喜马拉雅山脉其他地区、日本。
最佳观鸟时间及地区	夏季：西部、东北800m以上林地；秋、冬季：中国大部低海拔林地或城市公园。

357

绣眼鸟科 Zosteropidae

红胁绣眼鸟（紫胁粉眼儿，北粉眼儿）
Chestnut-flanked Whiteeye; *Zosterops erythropleurus*

两胁栗红色

赵超 摄

栖息地：平原及山区的林地生境。 全长：120mm

识别要点	体形细小，雌雄相似。额、头顶、背部至尾上覆羽暗黄绿色，脸颊和耳羽黄绿色，眼周具一圈白色绒状短羽。翅飞羽和翅上覆羽、尾羽黑褐色。下体额、喉部黄色，上胸银灰色，下胸和腹部中间乳白色，两胁栗红色，尾下覆羽黄色。嘴褐色，脚铅灰色。
生态特征	非繁殖期常结群活动，性活泼，边飞边叫，叫声为较尖细的"吱吱"声。食物主要为昆虫和少量植物种子，也会吃浆果。繁殖期在树的枝杈间营巢。
分　布	国内在东北地区为夏候鸟，在华北、华中、西南、华东和华南地区为旅鸟，云南南部为冬候鸟。国外见于东亚和中南半岛。
最佳观鸟时间及地区	夏季：东北；春、秋季：除西藏、新疆外大部地区。

暗绿绣眼鸟（青肋粉眼儿，南粉眼儿）

Japanese White-eye; *Zosterops japonicus*

眼周具白色
绒状短羽

陈建中·摄

| 栖息地：林地、林缘、市区园林。 | 全长：100mm |

识别要点	与红胁绣眼鸟相似，但稍小，上体为更鲜亮的绿色，头部前额亮黄色。下体两肋无栗色。
生态特征	似红胁绣眼鸟。
分　布	国内见于华北以南各地，在华北、华中、华东和西南北部为夏候鸟，在西南地区南部和华南地区为留鸟。国外见于朝鲜南部、日本、中南半岛地区。
最佳观鸟时间及地区	春、夏、秋季：华北以南大部；全年：华南南部。

359

攀雀科 Remizidae

中华攀雀 [马蹄雀 (Qiǎo) 儿]

Chinese Penduline Tit; *Remiz consobrinus*

黑色宽贯眼纹

张锡贤·摄

栖息地: 湿地苇塘, 水域边树林、林缘。　　　　　全长: 110mm

识别要点	体形小。雄鸟头顶至后枕部灰白色, 具黑色宽的贯眼纹, 眉纹白, 经耳羽向下延伸与白色下颊部相连; 后颈栗褐色, 棕褐, 翅飞羽和尾羽暗褐色, 翅上具一道皮黄色翅斑。下体颏、喉部近白色, 胸以下皮黄色。雌鸟似雄鸟, 但与色较暗淡, 偏灰褐色。嘴和脚灰黑色。
生态特征	繁殖期成对活动, 非繁殖期结群。游荡于水域旁的稀树林、苇塘, 甚活跃。能倒挂在枝条上寻找食物, 主要吃昆虫, 植物种子、嫩芽。繁殖期在树枝上营编制巢, 巢呈瓶筒状。
分　　布	国内在东北、华北北部为夏候鸟和旅鸟, 华北、华东沿海地区为冬候鸟和旅鸟。国外见于俄罗斯、日本等地。
最佳观鸟时间及地区	秋、冬、春季: 华北大部、华东。

360

长尾山雀科 Aegithalidae

银喉长尾山雀（嗞嗞猫儿） | Long-tailed Tit; *Aegithalos caudatus*

外侧尾羽具楔形白斑

张瑜·摄

栖息地：山区林地、林缘、灌丛。　全长：160mm

识别要点	身体较小而尾甚长，雌雄相似，体羽较为蓬松。头顶至后枕灰黑色，头顶中央有一条污白色纵纹，脸侧白色。上体肩背部灰色，尾上覆羽黑褐色，尾羽黑色，外侧尾羽具楔形白斑。翅飞羽黑褐色；下体颏、喉中央具一灰黑色斑块，胸部淡棕黄色，腹部、两胁到尾下覆羽沾葡萄红色。嘴短小，黑色，脚黑色。
生态特征	集群活动，非常活泼，在林间灌丛中不停地跳跃穿梭，叫声为细弱的"吱-吱"声。食物主要为昆虫、虫卵等，也吃植物种子。繁殖期在树上枝杈间营巢。
分　布	国内分布于东北、华北、华中、华东、西南地区，为留鸟。国外见于整个欧洲和亚洲的温带区域。
最佳观鸟时间及地区	全年：东北、华北、华中。

红头长尾山雀（小老虎，红顶山雀）

Red-headed Tit; *Aegithalos concinnus*

头顶棕红色

张永·摄

栖息地：中低海拔山区的针叶林、阔叶林、针阔混交林、林缘、高灌丛。 全长：100mm

识别要点	雌雄相似。额、头顶至后颈棕红色，脸及颈侧黑色，上体余部灰蓝色，翅飞羽黑褐色。尾羽近黑色，外侧尾羽羽端白。下体颏部白色，喉中部具一黑色斑块，胸和两胁棕红色，下体余部白色。嘴黑色，脚肉褐色。
生态特征	成对或结群活动，也会与其他小鸟混群。在林地灌丛间非常活跃，有时也到高树上觅食，主要以昆虫为食，也吃植物种子。繁殖期在树枝杈间营巢。
分　　布	国内在华北以南大片地区都有分布，为留鸟。也见于喜马拉雅山脉其他地区，缅甸和中南半岛地区。
最佳观鸟时间及地区	全年：黄河以南大部地区。

山雀科 Paridae

沼泽山雀（红子，嗞嗞红儿） | Marsh Tit; *Parus palustris*

头顶黑色

赵超·摄

栖息地：山区林地、高灌丛、果园等，市区园林偶尔也可见到。 | 全长：115mm

识别要点	体形娇小，雌雄相似。额、头顶至后枕部黑色，头侧白色，背肩灰褐色，腰和尾上覆羽浅褐色。尾羽灰褐，外侧尾羽外缘沾灰白色，翅飞羽暗褐色。下体额、喉部具黑色斑块，胸、腹至尾下覆羽苍白色，两胁棕灰色。嘴和脚铅黑色。
生态特征	单独或成对活动，在树林中穿梭觅食，行动敏捷。食物包括昆虫、植物种子等。繁殖期在树洞中营巢。
分　布	国内见于东北、华北、华中、华东和西南地区，为留鸟。国外见于欧洲和东亚地区。
最佳观鸟时间及地区	全年：北方大部分地区。

褐头山雀（山红子）

头顶褐色

张瑜·摄

栖息地：中低海拔山区的针叶林、针阔混交林。　　全长：115mm

识别要点	外形与沼泽山雀十分相似，但头顶深色区域为褐色而不似沼泽山雀那样偏黑，翅内侧飞羽外缘灰白色，翅膀合拢后从侧面看较为明显，尾羽色一致为暗褐色。叫声与沼泽山雀有明显不同。
生态特征	非繁殖期常结成3～5只的小群活动于山区林地中，繁殖期单独或成对活动。行动敏捷活泼，在树枝上下穿梭翻滚，捕食昆虫，也吃植物种子。在树洞中营巢。
分　　布	见于我国华北至西南地区，为留鸟。
最佳观鸟时间及地区	全年：北方大部分地区。

黄腹山雀（嗞嗞点儿）　Yellow-bellied Tit; *Parus venustulus*

腹部黄色 —

张瑜·摄

栖息地：中低海拔的山区阔叶林、针阔混交林、灌丛，市区园林中也可见到。

全长：100mm

识别要点	体小，整体显得头大尾短。雄鸟头顶至枕部黑色，有蓝色光泽，颊部、脸侧白色，后颈中央有一淡黄白色斑块。肩背部蓝灰色，尾上覆羽灰黑色，尾羽黑褐色，外侧尾羽外羽白色。翅飞羽近黑褐色，翅上具两道白色翅斑。下体颏、喉部和上胸黑色，胸、腹部黄色。雌鸟似雄鸟，但较暗淡，偏褐色。嘴和脚黑色。
生态特征	集群活动，在山区林地灌丛间穿梭，捕捉昆虫，也吃植物种子和果实，叫声为很细的"吱吱"声，繁殖期在树洞中或石缝中营巢。
分　　布	只分布于我国，从华北以南至华南大片地区都有分布，在北方为夏候鸟，少量为留鸟，南方地区为留鸟。
最佳观鸟时间及地区	全年：华北及以南地区。

大山雀（嗞嗞黑，黑子）　　　Great Tit; *Parus major*

头侧白色

黑色宽斑

赵超·摄

栖息地：中低海拔的山区阔叶林、针阔混交林、林缘灌丛，市区园林中也可见到。

全长：145mm

识别要点	体形较大的山雀。头顶黑色，具蓝色光泽，后颈两侧各有一条黑色区域向下延伸至颈基部，后颈下方具一小的白色斑块。头侧、耳羽和颈侧白色。上体肩背蓝灰色，微沾黄绿色。翅飞羽黑褐色，翅上具一道白色翅斑。尾羽蓝灰色，外侧尾羽具楔形的白斑。下体自颏、喉部和上胸黑色，向下延伸形成一道黑色宽斑贯穿胸、腹中央，余部灰白色。雌鸟似雄鸟，羽色稍暗淡。嘴、脚黑褐色。
生态特征	成对或结小群活动，性活泼，叫声为很有特点的"吱-吱-嘿"声，繁殖期捕食大量昆虫，非繁殖期也吃植物种子和浆果。在树洞中或石缝中筑巢。
分　　布	国内除新疆南部、西藏大部分地区没有分布外，全国范围内都有分布，为留鸟。国外见于欧亚大陆、朝鲜、日本、印度、东南亚地区。
最佳观鸟时间及地区	全年：除新疆外大部分地区。

366

绿背山雀（丁丁拐，花脸雀） Green-backed Tit; *Parus monticolus*

背黄绿色

赵超·摄

栖息地：海拔800~4000m的山区林地、林缘、高山杜鹃林。 全长：130mm

识别要点	外形与大山雀十分相似，体形稍小，背和腹部多黄绿色，与大山雀最明显的区别是翅上具两道白色翅斑（大山雀为一道翅斑）。嘴和脚铅黑色。
生态特征	常结小群活动于中低海拔山区的林地中，捕捉昆虫为食，也吃植物种子和果实。繁殖期在天然树洞中营巢。
分　布	国内见于华中、西南地区、西藏南部、台湾，为留鸟。也见于巴基斯坦、喜马拉雅山脉其他地区、老挝、越南及缅甸。
最佳观鸟时间及地区	全年：华中、西南地区。

367

灰蓝山雀   Azure Tit; *Parus cyanus*

肩背部青灰色

王传波·摄

栖息地：山区林地、灌丛、高草丛、果园等。   全长：130mm

识别要点	偏白色的山雀。额、头顶灰白色，略带蓝色，贯眼纹黑色向后延伸至枕部而左右相连，并经耳区向前延伸至颈侧。后颈下方具一小块白色斑块，肩背部和尾上覆羽青灰色，尾羽蓝黑色，羽端白色。翅飞羽蓝黑色而羽端白，翅上具宽的白色翅斑，下体灰白色，腹中部有一块黑色纵纹。嘴和脚蓝灰色。
生态特征	结群活动，性活泼吵闹，食物为植物种子、果实和昆虫，繁殖期在树洞中营巢。
分　　布	国内分布于黑龙江、内蒙古东部、新疆北部和西部，为留鸟。国外见于东欧、蒙古和西伯利亚地区。
最佳观鸟时间及地区	全年：黑龙江、新疆北部。

地山雀　Ground Tit; *Pseudopodoces humilis*

上体沙灰色

赵超·摄

栖息地: 海拔2800～5500m的温性草原、高寒草甸和高寒荒漠环境。	全长: 190mm

识别要点	体形较小，上体沙灰色，眼先具褐色斑纹。翅飞羽暗灰色，羽缘色淡，中央尾羽褐色，外侧尾羽黄白色。下体污白色。嘴和脚黑色。
生态特征	性机警、活跃，行走时双脚跳跃，喜站立地表高处瞭望。两翼及尾抽动有力。飞行能力较差，两翼不停地扑打。喜伴随放牧的畜群和牧民聚居点活动。杂食性，偏肉食性。常在寺院或住宅附近挖洞营巢。
分　布	为我国特有鸟。见于青藏高原、新疆西南部、甘肃、宁夏、四川西部、云南东北部，为留鸟。
最佳观鸟时间及地区	全年: 青海、西藏。

369

鸤科 Sittidae

普通鸤 (Shī) (嘀嘀棍儿) | Eurasian Nuthatch; *Sitta europaea*

贯眼纹黑色

栖息地：中低海拔山区的阔叶林、针叶林和混交林。　　　　全长：130mm

识别要点	体形短粗，雌雄相似。自头顶至尾上覆羽都为灰蓝色，头部具一条很模糊的白色细眉纹，贯眼纹黑色，延伸至脑后。翅飞羽黑褐色，中央尾羽灰蓝色，外侧尾羽黑褐色，具白斑。下体颏、喉部白色，胸、腹棕白色，尾下覆羽污白色，羽缘淡栗色，两胁栗色。嘴黑色，脚铅灰色。
生态特征	成对或结小群活动，行动敏捷，在树上攀爬啄食树皮中的昆虫、虫卵，也吃坚果类食物。繁殖期在树洞中营巢，通常利用啄木鸟的旧巢，洞后会用泥土涂抹。
分　　布	国内见于东北、华北、华东、华中、华南、东南、新疆东北部，为留鸟。国外见于欧亚大陆北部。
最佳观鸟时间及地区	全年：东部地区。

黑头鸭（松树儿，贴树皮，桦木炭儿）
Chinese Nuthatch; *Sitta Villosa*

黑色头顶、贯眼纹

白色眉纹、脸颊

沈越·摄

栖息地：温带低山至亚高山的针叶林或混交林带。　　全长：110mm

识别要点	雌雄相似，黑色头顶、贯眼纹，白色眉纹、脸颊，上体铅灰色，下体浅棕色。嘴铅灰色，脚灰褐色。雌鸟黑色部分均暗淡。
生态特征	似普通鸭。主要栖息于山地针叶林、针阔混交林。常成对活动，喜在树上寻找昆虫或种子，能够头朝下在树干上攀爬。
分　布	国内分布于吉林、辽宁、河北、北京、山西、陕西、宁夏、甘肃和青海等地。国外见于朝鲜。
最佳观鸟时间及地区	全年：北京植物园、颐和园、香山、小龙门林场等地。

371

旋木雀科 Certhiidae

旋木雀（爬树鸟） | Eurasian Treecreeper; *Certhia familiaris*

眉纹宽阔白色

张瑜·摄

栖息地：平原及山区的针叶林、针阔混交林，城市园林也可见到。 | 全长：130mm

识别要点	体形较小，雌雄相似。上体棕褐色，各羽具白色羽干纹，眉纹宽阔白色，贯眼纹深褐色，腰和尾上覆羽红棕色，翅飞羽和尾羽暗褐色，飞羽具两道棕白色斑纹，下体大部白色，腹部微沾灰色。嘴黑褐色，较长而向下弯曲，脚黄褐色。
生态特征	单独或成对活动，有时也会与其他小鸟混群。经常在高大树干上攀爬旋转，觅食昆虫、虫卵等。
分　布	国内在东北、华北北部、华中、西南、西北地区有分布，为留鸟。国外见于欧亚大陆。
最佳观鸟时间及地区	全年：除华东华南外大部分地区。

花蜜鸟科 Nectariniidae

纹背捕蛛鸟 (芭蕉鸟) Streaked Spiderhunter; *Arachnothera magna*

嘴长而稍向下弯曲，黑色

满布深褐色纵纹

沈越·摄

栖息地: 低海拔山区林地、林缘、灌丛。　　　　　　全长: 190mm

识别要点	体形较大，上体黄绿色，满布深褐色纵纹，下体淡黄白色，满布黑色羽干纹，尾下覆羽橄榄绿色。嘴长而稍向下弯曲，黑色，脚橘黄色。
生态特征	多见单独活动于山区林地、林缘灌丛，捕食蜘蛛、昆虫。
分　布	国内见于西藏东南部、云南、贵州南部、广西西南部热带地区，为留鸟。也见于喜马拉雅山脉其他地区、印度东北部、东南亚地区。
最佳观鸟时间及地区	全年: 云南。

373

雀科 Passeridae

家麻雀 | House Sparrow; *Passer domesticus*

眼后经枕部至后颈褐色

张永·摄

栖息地：城镇附近，屋舍前后等有人类建筑物的地方。 | 全长：150mm

识别要点	雄鸟头顶青灰色，眼先、颊、喉部和上胸黑色，脸颊白色，眼后经枕部至后颈褐色。背部灰褐色，具黑色斑纹。尾行覆羽灰褐色，尾羽深褐色，羽缘色浅；下体、下胸部灰色，向下至尾下覆羽为白色。雌鸟羽色暗淡，头部灰褐色，具浅色眉纹。雄鸟繁殖期嘴黑色，非繁殖期与雌鸟嘴颜色相同为黄色，嘴短灰黑色，脚肉褐色。
生态特征	适应能力强，不畏人，常与人类相伴而生，在人工建筑中筑巢繁殖。繁殖期成对活动，非繁殖期集大群，主要吃植物种子、作物果实，也吃昆虫。
分　　布	国内见于新疆、西藏西部、青海、四川部分地区、东北北部，为留鸟。国外见于欧洲、中亚、非洲、澳大利亚，引种至北美洲、南美洲。
最佳观鸟时间及地区	全年：新疆。

黑色斑块

张瑜·摄

栖息地: 稀疏林区、农田、城镇街区屋舍前后、草地、灌丛等多种生境。 全长: 140mm

识别要点	雌雄相似。额、头顶和后颈栗褐色，上体灰褐色，杂以黑色粗纵纹，腰和尾上覆羽黄褐色。翅飞羽和尾羽黑褐色；翅上具两道浅色窄翅斑。眼先、眼周、颏、喉部黑色，颊部白色，耳羽后具黑色斑块，下体胸、腹部灰白色，尾下覆羽淡褐色。嘴黑色，脚肉褐色。
生态特征	喜结群，伴人而生，市区街道、房屋前后都可见到，不畏人，在屋檐下、树洞中、墙缝中营巢。取食谷物、植物种子，繁殖期也吃昆虫。为我国各城市最常见鸟类。
分　布	国内见于各地，为留鸟。国外见于欧亚大陆，北美洲也有引进。
最佳观鸟时间及地区	全年：全国各地。

375

梅花雀科 Estrildidae

白腰文鸟（禾谷，十姐妹，尖尾文鸟）

White-rumped Munia; *Lonchura striata*

腰白

赵超·摄

栖息地：平原和低海拔山区丘陵的林缘、灌丛、农田、村落，城市中也可见到。

全长：110mm

识别要点	体小，翅和尾羽黑褐色，腰白，腹部污白色，身体余部褐色，具浅棕色羽干纹。嘴和脚灰色。
生态特征	结小群活动，较为吵闹，在农田、灌丛、村落附近活动，主要觅食植物种子，农作物收获季节会群聚到农田中觅食作物种子，也吃昆虫。繁殖期在灌丛或树洞中营巢。
分　布	国内见于华中及以南地区，为留鸟。国外见于印度和东南亚地区。
最佳观鸟时间及地区	全年：黄河以南地区。

376

斑文鸟（小纺织鸟，鱼鳞沉香，算命鸟）

Spotted Munia; *Lonchura punctulata*

褐色鳞状斑

栖息地：平原和低海拔山区丘陵的林缘、灌丛、农田、村落附近。　　全长：100mm

I航东·摄

识别要点	体形与白腰文鸟相似，但羽色较浅，整体偏灰褐色，腰部青褐色，下体污白，满布褐色鳞状斑。嘴蓝灰色，脚灰褐色。
生态特征	似白腰文鸟。
分　布	国内分布于长江以南地区，为留鸟。国外见于印度、东南亚，已引种至澳大利亚。
最佳观鸟时间及地区	全年：华南、西南地区。

燕雀科 Fringillidae

苍头燕雀（普通燕雀） Chaffinch; *Fringilla coelebs*

额黑色

头顶至后颈和颈侧蓝灰色

张永·摄

栖息地：平原和山区落叶林、针阔混交林，林缘、果园和灌丛。　　全长：160mm

识别要点	雄鸟额黑色，头顶至后颈和颈侧蓝灰色，背部栗褐色；飞羽黑褐色，翅上具2块明显的白色翅斑；尾羽青灰色；脸侧、下体颏喉至腹部粉褐色，腹中央色较淡，尾下覆羽污白色。雌鸟色彩较暗淡，整体偏灰色。
生态特征	成对或结群活动，在树林中栖息觅食，常到地面上寻找食物，主要吃植物种子、果实，也吃昆虫。
分　布	国内见于新疆北部、内蒙古、宁夏、河北、辽宁，为冬候鸟。国外见于欧洲、亚洲西部和非洲北部。
最佳观鸟时间及地区	冬季：新疆、内蒙古、辽宁、河北等地。

378

燕雀（虎皮雀） Brambling; *Fringilla montifringilla*

胸部橙黄色

赵超·摄

栖息地：平原和山区的针叶林、针阔混交林，林缘，市区园林中也可见到。

全长：160mm

识别要点	繁殖期雄鸟上体额、头顶、脸侧至上背黑色，腰部和尾上覆羽白色，翅飞羽和尾羽黑褐色，翅上具明显的白色斑块，肩部和翅上小覆羽橙黄色；下体颏、喉和胸部橙黄色，腹部和尾下覆羽污白，两胁具深色点斑。雌鸟羽色似非繁殖期的雄鸟，羽色较暗淡，头部偏褐色。嘴黄色，尖端黑，脚肉褐色。
生态特征	常结群活动于林间空地，迁徙季节有时会结成数百只的大群。在地面或树上取食，觅食植物种子、花、果实等，繁殖期也吃昆虫。
分　布	国内见于东北、华北、华中、华东、华南、新疆西北部、青海西部，为旅鸟和冬候鸟。国外见于欧亚大陆北部。
最佳观鸟时间及地区	秋、冬、春季：除西藏外大部地区。

前额黑色

王传波·摄

栖息地：高海拔多岩石、碎石的坡地、沼泽。　全长：180mm

识别要点	体形较大，整体偏灰色。头部暗灰，前额、头顶黑色。上体灰色，略沾粉，翅黑褐色，羽缘浅灰，内侧飞羽外缘灰色，尾羽黑褐色。下体浅土褐色。嘴灰色，脚深褐色。
生态特征	集群活动于高海拔碎石坡地，有时与雪雀混群，在地面觅食植物种子等。
分　布	国内在新疆西北部为夏候鸟，青海、西藏、甘肃、四川等地为留鸟。也见于中亚、蒙古、喜马拉雅山脉西部和中部其他地区。
最佳观鸟时间及地区	全年：青海、西藏。

红眉朱雀　Beautiful Rosefinch；*Carpodacus pulcherrimus*

眉纹粉紫色

张瑜·摄

栖息地：海拔较高的山区林地、灌丛。　全长：150mm

识别要点	雄鸟上体头顶、肩背褐色，羽缘粉褐色，眉纹粉紫色，脸侧紫褐。翅飞羽褐色，羽缘浅棕，腰和尾上覆羽葡萄红色，尾羽黑褐，羽缘粉红。下体颏、喉至尾下覆羽都呈葡萄红色，两胁和尾下覆羽具黑色纵纹。雌鸟整体偏灰褐色，眉纹皮黄色。嘴角质灰色，脚暗褐色。
生态特征	活动于山区林地及灌丛，觅食植物种子、果实，繁殖期也吃昆虫，营巢于灌丛中。冬季会迁往较低海拔山区。
分　布	国内见于河北、山西、陕西、甘肃、宁夏、青海、四川、内蒙古西部、云南西北部、西藏东北部，为留鸟。也见于喜马拉雅山脉其他地区和蒙古。
最佳观鸟时间及地区	全年：华北北部至西藏地区。

381

脸前部红色

荀军·摄

栖息地: 低地至中高海拔山区的针叶林、针阔混交林、林缘、果园。 全长: 145mm

识别要点	雌雄相似，上体大部灰色，脸前部红色。翅黑色，具大的黄色翅斑，三级飞羽外缘白色，腰部灰白，尾羽黑色，下体污白色。嘴粉红色，脚肉褐色。
生态特征	成对或结小群活动，在林地、果园中取食植物种子、草子等。
分　布	国内见于新疆北部和西藏西部，为留鸟。国外见于欧洲、中东和中亚地区。
最佳观鸟时间及地区	全年：新疆北部。

翅斑黄色

赵超·摄

栖息地：平原及较低海拔山区的树林、果园、村落附近、城市公园中也有分布。

全长：130mm

识别要点	体形比麻雀稍小，雄鸟头颈部灰色，眼先和眼周黑褐色，上体背部栗褐色，腰部黄绿色，尾上覆羽灰色沾黄。尾羽黑褐色，外侧尾基部黄色，翅飞羽黑褐色，羽基黄色组成明显的斑块，飞行时很明显。下体颏、喉部橄榄黄，胸部及两胁栗褐色，腹中央黄色，尾下覆羽鲜黄。雌鸟似雄鸟，羽色较暗淡。嘴、脚肉褐色。
生态特征	常结小群活动，性活泼。叫声有特点，犹如一串银铃声。取食植物种子、果实、草子，也吃昆虫。繁殖期在树上、屋檐下、人工建筑空隙中营巢。
分　布	在我国除新疆、西藏外几乎各处都有分布，为留鸟。国外见于西伯利亚东南部、朝鲜、日本等地区和国家。
最佳观鸟时间及地区	全年：除西藏、新疆外大部地区。

锡嘴雀（老锡子） Hawfinch; *Coccothraustes coccothraustes*

嘴粗壮锥形，铅灰色

沈越·摄

栖息地：平原和山区的针叶林、针阔混交林。 全长：180mm

识别要点	体形中等，显得较胖。雄鸟头部黄褐色，额、眼周、颏、喉部黑色，后颈具灰色领环。上体肩背部茶褐色，尾上覆羽棕色，尾羽栗黑色，羽端白色。翅飞羽黑褐色具蓝紫色光泽，内侧飞羽羽端方形，翅上小覆羽暗灰色。下体胸腹部淡棕色，下腹至尾下覆羽白色。雌鸟羽色较暗淡。嘴粗壮锥形，铅灰色。脚肉褐色。
生态特征	成对或结小群活动，在稀疏林间觅食，取食植物种子、果实，繁殖期也吃昆虫。
分　　布	国内在东北北部繁殖，在东北南部、华北、华中地区为旅鸟，华南、华东和新疆西部为冬候鸟。国外见于欧亚大陆。
最佳观鸟时间及地区	夏季：黑龙江；春、秋季：北方大部；冬季：长江以南地区。

黑尾蜡嘴雀 [皂儿(雄)，灰儿(雌)]

Yellow-billed Grosbeak; *Eophona migratoria*

雄鸟头部黑色

赵超·摄

栖息地：平原和山区的树林、果园、村落附近，城市园林中也有分布。 **全长：180mm**

识别要点	体形较大而敦实，雄鸟整个头部黑色，具光泽，上体后颈、背肩部灰褐色，尾上覆羽转为淡灰白色，微沾褐。尾羽黑色，翅飞羽黑色，外侧初级飞羽先端具宽阔白斑。下体前颈、胸ák褐色，腹部淡灰白色，两胁沾橙黄色，尾下覆羽白。雌鸟似雄鸟，但无头部黑色，整体偏暗淡。嘴粗壮，蜡黄色，尖端黑褐色，脚黄褐色。
生态特征	成对或集群活动，在树上或地面草丛觅食，取食植物种子、果实，也吃昆虫。飞行快速，振翅剧烈。繁殖期在树上枝杈间营巢。
分　布	国内除宁夏、青海、新疆、西藏、海南外，见于各省，在东北、华北、华中地区为夏候鸟和旅鸟，少量冬候，在华南沿海地区为冬候鸟。国外见于西伯利亚东部、朝鲜、日本。
最佳观鸟时间及地区	夏季：东北；全年：东部大部分地区。

具大翅斑

奇军·摄

栖息地: 中高海拔山区林地、林缘、灌丛。　全长: 230mm

识别要点	体形较大而敦实。雄鸟头、颈、胸部、肩部黑色; 翅黑色, 具黄色和白色的大斑块。腰黄色, 尾羽黑。下体胸部以下黄色。雌鸟似雄鸟, 但羽色较暗淡, 相应雄鸟黑色的区域为灰色, 颊部胸部具浅色纵纹。嘴锥形厚重, 铅灰色, 脚肉褐色。
生态特征	非繁殖期结群活动, 在山地林区游荡觅食, 取食植物种子。也会和其他鸟类如朱雀等混群。性吵闹, 不十分怕人。
分　布	国内见于新疆、西藏、四川、云南、青海、甘肃、陕西、宁夏、内蒙古西部, 为留鸟。也见于伊朗、喜马拉雅山脉。
最佳观鸟时间及地区	全年: 华中以西地区。

蒙古沙雀（土红子） Mongolian Finch; *Rhodopechys mongolica*

栖息地：较高海拔山区的多碎石荒漠、半干旱灌丛。

全长：150mm

王传波·摄

识别要点	身体大部沙褐色，翅外侧飞羽羽缘粉红色，尾羽褐色，羽缘淡褐色。下体羽色较浅淡。嘴较短且厚，角质色，脚粉褐色。
生态特征	通常成群活动，在干燥石坡、灌丛中活动觅食，取食植物种子，也吃昆虫。
分　布	国内见于新疆西北部、青海、甘肃、宁夏、内蒙古，为夏候鸟。国外见于中亚、蒙古地区。
最佳观鸟时间及地区	春、夏、秋季：新疆、甘肃、内蒙古西部。

鹀科 Emberizidae

灰眉岩鹀（Wú）（土眉子）

Chestnut-lined Rock Bunting; *Emberiza godlewskii*

眼后具栗色斑纹

栖息地：栖息于干燥多岩石的丘陵山坡、林缘、灌丛沟壑等处，低地农田中也可见到。

全长：170mm

识别要点	大型鹀类。雄鸟头、胸蓝灰色，眼先和髭纹黑色，侧冠纹、眼后、耳羽上缘斑纹栗色。上体棕色具黑褐色羽干纹，腰部栗红色。尾羽棕褐色，外侧尾羽具大白斑。翅上具两道白色翅斑，下体淡棕黄色。雌鸟似雄鸟，但羽色稍淡，且头顶多深色纵纹。嘴铅灰色，脚肉色。
生态特征	多活动与山区生境，在山地草坡、灌丛、岩石、草丛间活动觅食，繁殖期常立于灌丛顶端或岩石上边扇动尾羽边鸣叫，鸣声动听。在灌丛上营巢。取食各种植物种子，也吃昆虫。
分　布	在我国分布范围较广，新疆西部、西藏东南部、青海、四川、甘肃、宁夏、内蒙古、云南，华北及东北地区都有分布。国外见于俄罗斯、蒙古、印度北部等地区。大部分为留鸟，少数地区为冬候鸟。
最佳观鸟时间及地区	全年：华北、华中。

三道眉草鹀 [山麻雀（Qiǎo）儿]

Meadow Bunting; *Emberiza cioides*

贯眼纹黑色

陈建中·摄

栖息地：山区的开阔灌丛、林缘、沟壑、低山农田等处。　　全长：170mm

识别要点	大型鹀类。雄鸟头顶至后颈栗色具深色细纵纹，侧冠纹、贯眼纹、髭纹黑色，头部其他部位及上胸部灰白色。上体棕红色具黑褐色纵纹，腰部栗红色，尾羽黑褐色，最外侧尾羽具大的白斑。下体栗红色，从胸部至腹部颜色逐渐变浅。雌鸟似雄鸟，颜色稍淡，头部黑色斑纹较细，眼后大面积区域棕黄色。上嘴黑灰色，下嘴较浅，脚肉褐色。
生态特征	活动在山区，冬季会下到低山地区。繁殖期成对活动，冬季结小群。在灌丛、岩石、草坡间觅食，主要吃植物种子，繁殖期也捕捉昆虫。营巢于矮小的灌丛中。
分　布	国内分布广泛，新疆西部、东北、华北、华中、华东地区都有分布，华南偶见，为留鸟。国外见于西伯利亚南部、蒙古及东至日本的大部分地区。
最佳观鸟时间及地区	全年：除西藏外大部地区。

栗耳鹀（赤胸鹀）

Chestnut-eared Bunting; *Emberiza fucata*

脸侧、耳羽栗褐色

陈建中·摄

栖息地：平原和山区的灌草丛、农田、村落附近、近水域的苇塘。　全长：160mm

识别要点	体形较大的鹀类。雄鸟头顶和后颈暗灰色，杂以黑色细纹，脸侧、耳羽栗褐色，颊纹黑色；肩背淡棕色，缀粗的黑纹，尾上覆羽黄褐色且具深色纵纹；尾羽黑褐色，外侧尾羽具白斑；下体颏喉白色，胸部密布深色粗纵纹，下胸缀栗色横斑带，腹部和尾下覆羽淡土黄色。雌鸟似雄鸟，羽色稍暗淡。嘴灰褐色，脚肉粉色。
生态特征	一般单只活动，也会结小群。在平原和山区的灌丛、水域附近苇塘中觅食，主要取食植物种子，也吃昆虫。繁殖期在地面凹坑处营巢。
分　　布	国内见于东北至西南大部分地区，在东北、华北北部、东南地区为夏候鸟，西南地区为留鸟，华北其他地区、华中多为旅鸟，华南大部为冬候鸟。
最佳观鸟时间及地区	全年：西南地区；春、秋季：华北、华中；冬季：华南。

小鹀（虎头儿）　　　　Little Bunting; *Emberiza pusilla*

耳羽栗红色

赵超·摄

栖息地：山麓和平原地区灌丛、草地、农田、苇塘都有栖息。　　全长：130mm

识别要点	小型鹀类。雄鸟头顶、脸部和耳羽栗红色，侧冠纹、贯眼纹、髭纹黑色，眼圈和眉纹后半部色较浅。上体栗褐色具深色纵纹，尾羽黑褐色，最外侧尾羽具大白斑。下体颏、喉皮黄色，余部白色，在前胸和两胁具黑褐色纵纹。雌鸟似雄鸟，色稍淡。嘴黑灰色，脚肉褐色。
生态特征	除繁殖期外常结成大群活动，会与其他鹀类混群。在灌丛、草地等处活动觅食。主要取食各种植物种子，繁殖期也会捕捉昆虫。
分　　布	国内分布广泛，在东北北部小面积区域为夏候鸟，东北地区主要为旅鸟，其他大部分地区为旅鸟和冬候鸟。国外见于欧亚大陆北部及东南亚地区。
最佳观鸟时间及地区	春、秋季：东北；秋、冬、春季：全国大部地区。

眉纹前端黄色，后部白色

王吉衣·摄

栖息地：林缘、灌丛、市区园林。　　全长：150mm

识别要点	雄鸟头部顶冠纹白色，侧冠纹黑色，眉纹前端大部分黄色，后部白色，眼先、眼周、颊部黑色，耳羽处具一白色点斑。上体赤褐色具黑褐色纵纹，尾羽黑褐色，外侧尾羽具大的白色斑块。翅飞羽黑褐色，羽缘色浅，翅上具两道白色翅斑。下体颊纹白色，下颊纹黑色，喉和胸侧具黑褐色点斑，余部污白色，两胁缀有黑褐色纵纹。雌鸟似雄鸟，颜色稍暗淡。嘴铅褐色，脚肉褐色。
生态特征	非繁殖期长与其他鹀类混群活动，觅食植物种子，繁殖期也吃昆虫，在树上筑巢。
分　　布	国内在东北、华北、华东地区为旅鸟，华南和东南地区为冬候鸟。国外见于俄罗斯、朝鲜。
最佳观鸟时间及地区	春、秋季：东部地区。

392

田鹀（花眉子）　Rustic Bunting; *Emberiza rustica*

翅上具两道白色翅斑

外侧尾羽具大白斑

张永·摄

栖息地：平原及丘陵地区的草地、农田、稀疏灌丛生境。	全长：145mm

识别要点	中等体形的鹀类。雄鸟头顶、贯眼纹、髭纹黑色，顶冠略带凤头，眉纹、颊纹和颏喉部白色；上体栗红色具深色纵纹，尾羽黑褐色，外侧尾羽具大白斑；下体在胸部有一栗红色纵纹组成的胸带，两胁具宽阔的栗红色纵纹，腹部白色。雌鸟似雄鸟，色彩较淡。
生态特征	非繁殖季常集群活动，在地面、灌丛中穿梭觅食植物种子，偶尔也吃少量昆虫。筑巢于地面草丛中或低矮灌丛中。
分　布	在我国东北地区为旅鸟，在新疆西部、华北、华东及华南部分地区为冬候鸟。国外见于欧亚大陆北部。
最佳观鸟时间及地区	春、秋季：东北；冬季：新疆西部、华北、华东、华南部分地区。

黄喉鹀（黄眉子） Yellow-throated Bunting; *Emberiza elegans*

冠羽亮黄色

栖息地：多在山麓和丘陵林地生境栖息，果园、城市园林中也可见到。　全长：180mm

沈越·摄

识别要点	雄鸟头顶黑色，具小的冠羽，贯眼纹宽阔黑色，眉纹、后枕部和喉部亮黄色。后颈黑色，羽缘淡灰。上体栗褐色具深色羽干纹，腰淡灰褐色。尾羽黑褐色，中央尾羽色较淡，外侧尾羽具大白斑。翅上具两道浅色翅斑。下体羽在胸前具一黑色三角形斑块，两胁淡褐色，具深色纵纹，腹部白色。雌鸟似雄鸟，但羽色较淡，头部深色区域为浅棕色。嘴近黑色，脚肉粉色。
生态特征	多单独活动，少结群。在林下觅食，取食多种植物种子、果实，也食昆虫。繁殖期在草丛中地面凹陷处营巢。
分　布	国内在东北地区多为夏候鸟，在华北、华东地区为夏候鸟和旅鸟，华中和西南地区为留鸟，华南地区为冬候鸟。国外见于西伯利亚东南部、朝鲜及日本等地。
最佳观鸟时间及地区	夏季：东北；春、秋季：华北及以南地区。

黄胸鹀（黄胆） Yellow-breasted Bunting; *Emberiza aureola*

胸部亮黄色

赵超·摄

栖息地：喜湿地芦苇丛生境，在稻田、湿地灌丛生境也有很多栖息。　　全长：150mm

识别要点	体形中等的鹀类。雄鸟头顶至后颈、背部栗红色，羽缘棕色，头部脸侧、颏、喉黑色；背部具黑褐色羽干纹。尾羽黑褐色，最外侧尾羽具大白斑。翅上具一大的白色斑块和一条白色翅斑。下体在胸部具有完整的栗色横斑与后颈部相连，余部亮黄色，两胁杂有深褐色纵纹。雌鸟头部少黑色，具黄色眉纹，眼周、耳羽浅褐色，具褐色髭纹。翅上无大白斑，余部似雄鸟。上嘴灰色，下嘴肉褐色。脚肉褐色。
生态特征	非繁殖期喜结大群活动，在稻田、芦苇丛中游荡觅食，取食各种植物种子，繁殖期也捕捉昆虫，营巢于草丛地面上。10多年前曾经数量极多，但因大量捕捉和栖息地破坏现已较少见到。
分　布	在国内除新疆、西藏等地外大部分地区都有分布，在东北地区为夏候鸟，华北、华中、华东和西南地区为旅鸟，在华南沿海地区为冬候鸟。国外见于西伯利亚地区和东南亚。
最佳观鸟时间及地区	夏季：东北；春、秋季：除西藏外大部地区。

395

栗鹀（紫背儿） Chestnut Bunting; *Emberiza rutila*

上体大部栗红色

沈越 摄

栖息地：栖息于有低矮灌丛的开阔林地，也见于农田附近和林缘附近，城市园林中也可见到。

全长：150mm

识别要点	体形与黄胸鹀相似。雄鸟头颈、喉部、前胸、肩背部到尾上覆羽都为栗红色。翅膀飞羽黑褐色，尾羽黑褐色，下体皮黄色，两胁具灰褐色纵纹。雌鸟头部灰褐色，多纵纹，额、喉皮黄色，余部似雄鸟。嘴灰褐色，脚肉褐色。
生态特征	单独活动或其他鹀类混群，在平原和山麓的林地下觅食，取食植物种子和昆虫，繁殖期营巢于地面草丛中。
分　　布	在国内东北北部繁殖，东北大部、华北、华中、华东地区为旅鸟，华南和西南地区南部为冬候鸟。国外见于西伯利亚和东南亚地区。
最佳观鸟时间及地区	春、秋季：东部地区。

灰头鹀(青头，灰头) Black-faced Bunting; *Emberiza spodocephala*

头、颈和上胸部灰色

沈越·摄

栖息地：近湿地沼泽的苇塘、农田沟渠灌丛。

全长：140mm

识别要点	雄鸟头、颈和上胸部灰色，肩背部黄褐色，具黑褐色纵纹，尾上覆羽橄榄褐色。尾羽黑褐色，最外侧尾羽具白色斑块。下体淡黄色，两肋具深灰色纵纹。雌鸟头和后颈灰褐色具深色纵纹，下体满布灰色纵纹。上嘴和尖端黑褐色，下嘴基部黄褐色。脚肉褐色。
生态特征	平时单独活动，迁徙时集群，也会与其他鹀类混群。活动于稻田、苇塘等沼泽地区，取食植物种子，繁殖期也吃昆虫，在地面凹陷处营巢。
分　布	国内在东北、四川、贵州、云南北部、陕西南部、甘肃、青海东部为夏候鸟，在华南和华东地区为冬候鸟，华北地区多为旅鸟。
最佳观鸟时间及地区	夏季：东北；春、秋季：华北大部；冬季：南方地区。

苇鹀［春雀(Qiǎo)儿］　Pallas's Reed Bunting；*Emberiza pallasi*

翅上小覆羽蓝灰色

赵超·摄

栖息地：湿地苇塘、沼泽草丛、农田沟渠。　　　全长：140mm

识别要点	小型鹀类，雄鸟繁殖期头部黑色，颊纹白色向后延伸与白色颈环相连。上体各羽黑褐色，羽缘灰褐。翅飞羽黑褐色，羽缘棕褐色，翅上小覆羽蓝灰色，具两道较细的黄白色翅斑。腰和尾上覆羽青灰色。尾羽灰褐色，外侧尾羽具白斑。下体污白，两胁沾灰色。雌鸟似非繁殖期的雄鸟，整体色较淡，头部灰褐色，具污白色眉纹和黑色髭纹。上嘴黑褐色，下嘴肉褐色，脚肉褐色。
生态特征	常结群活动，在苇塘、沼泽草地活动觅食，取食杂草种子，也吃昆虫。繁殖期在灌草丛中营巢。
分　　布	国内在新疆、东北、内蒙古、华北北部为旅鸟，甘肃西北部、华北、华东、东南地区为冬候鸟。国外见于俄罗斯、朝鲜、日本等。
最佳观鸟时间及地区	秋、冬、春季：华北东部；冬季：南方东部地区。

398

芦鹀（大山家雀儿，大苇蓉）

Reed Bunting; *Emberiza schoeniclus*

小覆羽为棕色

王传波·摄

栖息地：湿地苇塘、农田、沼泽。　全长：160mm

识别要点	雌雄个体都与苇鹀十分相似，但体形稍大，且显得较粗壮，翅上小覆羽为棕色，这点与苇鹀区别明显。嘴黑色，脚深褐色至肉褐色。
生态特征	似苇鹀。
分　布	国内在新疆、内蒙古、黑龙江为夏候鸟，部分为旅鸟，青海、甘肃和东南沿海地区为冬候鸟；东北南部、华北东部、华东地区为旅鸟，少量冬候鸟。
最佳观鸟时间及地区	春、秋季：东北南部、华北、华东；夏季：新疆、内蒙古、黑龙江。

附录　中国主要观鸟地点

河北省北戴河

河南省董寨

江西省婺源

江西省鄱阳湖

湖南省东洞庭湖

湖北省京山

福建省武夷山

浙江省乌岩岭

山西省庞泉沟

黑龙江省扎龙

江苏省盐城

甘肃省莲花山

内蒙古自治区图牧吉

西藏自治区拉萨雄色寺

新疆自治区南疆塔克拉玛干沙漠

北京市野鸭湖

山东省东营

山东省荣成

四川省瓦屋山

云南省高黎贡山

云南省盈江

香港米埔

台湾省玉山

索引

1. 拉丁名索引

2.中文名索引

3.英文名索引

4.生态类群索引

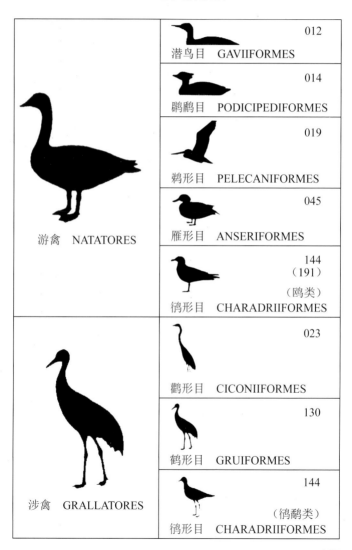

	012
潜鸟目　GAVIIFORMES	
	014
䴙䴘目　PODICIPEDIFORMES	
	019
鹈形目　PELECANIFORMES	
	045
雁形目　ANSERIFORMES	
	144 （191） （鸥类）
鸻形目　CHARADRIIFORMES	
	023
鹳形目　CICONIIFORMES	
	130
鹤形目　GRUIFORMES	
	144 （鸻鹬类）
鸻形目　CHARADRIIFORMES	

游禽　NATATORES

涉禽　GRALLATORES

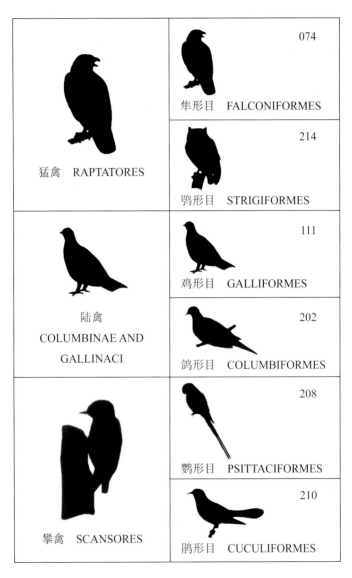

猛禽 RAPTATORES	隼形目 FALCONIFORMES 074
	鸮形目 STRIGIFORMES 214
陆禽 COLUMBINAE AND GALLINACI	鸡形目 GALLIFORMES 111
	鸽形目 COLUMBIFORMES 202
攀禽 SCANSORES	鹦形目 PSITTACIFORMES 208
	鹃形目 CUCULIFORMES 210